Shahram Asadimehr

Estudo dos problemas causados pela perda de fluidos de perfuração

Shahram Asadimehr

Estudo dos problemas causados pela perda de fluidos de perfuração

devido à instabilidade do poço num dos campos petrolíferos iranianos

ScienciaScripts

Imprint
Any brand names and product names mentioned in this book are subject to trademark, brand or patent protection and are trademarks or registered trademarks of their respective holders. The use of brand names, product names, common names, trade names, product descriptions etc. even without a particular marking in this work is in no way to be construed to mean that such names may be regarded as unrestricted in respect of trademark and brand protection legislation and could thus be used by anyone.

Cover image: www.ingimage.com

This book is a translation from the original published under ISBN 978-620-6-77447-1.

Publisher:
Sciencia Scripts
is a trademark of
Dodo Books Indian Ocean Ltd. and OmniScriptum S.R.L publishing group

120 High Road, East Finchley, London, N2 9ED, United Kingdom
Str. Armeneasca 28/1, office 1, Chisinau MD-2012, Republic of Moldova, Europe
Printed at: see last page
ISBN: 978-620-8-19789-6

Conteúdo

Resumo

Após a exploração e identificação da localização do reservatório, a operação de perfuração é implementada para a produção de petróleo e gás. O processo das operações de perfuração tem um papel significativo na indústria petrolífera e pode ser uma das actividades mais dispendiosas. A perda de lama é a penetração da lama de perfuração em formações permeáveis a cada profundidade, parcial ou totalmente. Estas formações, designadas por zona de ladrão, são uma das razões mais comuns para o aumento do tempo não produtivo (NPT). A lama de perfuração desempenha muitas tarefas e uma delas, que é mais influenciada pela perda de fluido, é a manutenção da pressão hidrostática que impede a entrada de fluido no poço. Um tratamento correto da prevenção ou diminuição da perda de lama pode reduzir os problemas causados pela perda de fluido. A experiência demonstrou que a prevenção da perda de lama é mais barata e mais eficaz do que o tratamento. Normalmente, no fenómeno da perda de lama, o fluido perde-se muito mais devido a fracturas induzidas do que por outras razões. Como a pressão da lama é superior à pressão de fracturação da formação, são criadas estas fracturas induzidas. Estas fracturas estendem-se assim que são criadas porque a pressão necessária para a extensão é inferior à pressão de criação. Nas operações de perfuração, são considerados alguns métodos de prevenção para reduzir a perda de lama e, por conseguinte, quando os métodos de prevenção não são úteis, são considerados métodos de tratamento. O projeto utiliza a aquisição diária de dados, dados de registo, dados de laboratório e a resistência da formação com o software de simulação FLAC. Devido à resistência da formação, é possível obter janelas de segurança optimizadas para a pressão da lama de perfuração e o peso da lama.

Dedicado aos Anjos Misericordiosos que:

O senhor dos mundos, que começou a guiar os seus servos com o ensinamento da pena.

Os meus pais, cuja presença é para mim uma coroa de honra e cujo

nome é a razão da minha existência, porque estas duas existências

, depois do Senhor, foram a fonte da minha existência, pegaram na minha mão

e ensinaram-me a caminhar neste vale cheio de altos e baixos.

Capítulo I

Introdução

Introdução

Um dos maiores problemas na operação de perfuração é o derrame de fluido de perfuração, cuja prevenção ou redução da sua ocorrência ou dimensão resultará em poupanças significativas nos custos financeiros e mesmo na vida útil da operação. Na perfuração de poços de petróleo e gás, a penetração e o desperdício do fluido de perfuração em formações permeáveis a qualquer profundidade é chamado de percolação. Este fenómeno pode prolongar-se desde o início da perfuração até ao momento da colocação das paredes e da cimentação. Devido ao elevado custo da lama de perfuração, bem como ao tempo da máquina de perfuração, quaisquer erros durante a perfuração, o emparedamento ou a conclusão e a cimentação podem ter um grande impacto nos custos de perfuração de um poço, que se estima em 2 a 4 mil milhões de dólares por ano. De acordo com os relatórios do Departamento de Energia dos EUA, em média, 10% a 20% dos custos de perfuração de um poço com alta pressão e temperatura estão relacionados com a perda de lama [1].

A estabilidade da parede do poço pode ser definida como a resistência da formação da parede do poço contra o colapso e, mais importante, a criação e propagação de fissuras induzidas. Analisar e prever a estabilidade da parede do poço é um método para a melhoria económica das operações de perfuração. Os problemas de perfuração devidos à instabilidade causam um aumento do tempo de perfuração, um aumento dos custos de perfuração do poço e, eventualmente, a paragem das operações e a perda do poço. Entre os parâmetros efectivos na instabilidade da parede do poço, podemos mencionar o percurso de perfuração do poço, as tensões no local, as propriedades mecânicas da rocha da formação, a pressão do fluido da formação e as propriedades do fluido. Do ponto de vista da mecânica das rochas, a parede do poço geralmente sofre dois tipos de falhas devido a tensões induzidas, que são: fracturas de cisalhamento e de tração que podem levar a problemas como: lama de perfuração, encravamento de tubos, operação residual, colapso da parede do poço, cimentação deficiente, etc. Ao determinar a pressão crítica de lama necessária para manter o poço estável, é possível evitar esses problemas na perfuração [2]. A formação da parede do poço, o colapso e os danos do poço (Figura 1) [3].

A falha por compressão é causada pelo peso inadequado da lama em comparação com a resistência da rocha e as tensões em torno do poço, e ocorre na direção paralela à tensão horizontal mínima; enquanto a falha por tração é causada pelo elevado peso do solo em comparação com a tensão mínima in situ e oH ocorre na direção paralela à tensão horizontal máxima.

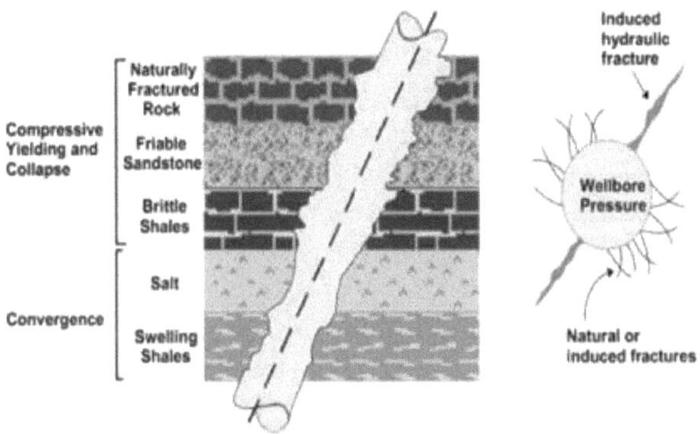

Figura 1. Problemas durante as operações de perfuração

A tecnologia de estabilidade do poço procura evitar a deformação e a fratura da rocha em torno da parede do poço. Como resultado dessas falhas, a lama de perfuração ocorre na parede do poço, o que muitas vezes ocorre na forma de perfuração severa a completa e repentina. Durante a perfuração ou após as operações de perfuração, as tensões à volta do poço alteram-se e o poço pode tornar-se instável.

Como resultado, em consequência de uma falha de cisalhamento ou de tração, a forma da pedra é alterada e a lama é preparada. Além disso, como resultado da filtragem da lama, a rocha mudou física e quimicamente e o caminho da lama torna-se mais suave. Embora seja impossível evitar completamente a instabilidade do poço e como resultado da lama, mas os engenheiros de perfuração podem utilizar as operações de perfuração corretas, tais como a seleção ideal do peso da lama, fluido de perfuração adequado que seja compatível com a rocha de formação, utilização de LCMs adequados, utilização de materiais de reforço da parede do poço, revestımento do poço durante a perfuração para evitar problemas de instabilidade do poço, especialmente na lama de perfuração.

A estabilidade da parede do poço pode ser definida como a resistência da formação da parede do poço contra o colapso e, mais importante, a criação e propagação de fissuras induzidas. Analisar e prever a estabilidade da parede do poço é um método para a melhoria económica da operação de perfuração, e a perda do poço devido à instabilidade provoca um aumento do tempo de perfuração, dos custos de perfuração do poço e, finalmente, a paragem da operação de produção. Entre os parâmetros eficazes na instabilidade da parede do poço, podemos mencionar o percurso de perfuração do poço, a direção e a magnitude das tensões no solo, as propriedades mecânicas da rocha, a pressão do fluido da formação e as propriedades do fluido. Em termos de mecânica das rochas, a parede do poço geralmente sofre dois tipos de falhas como resultado de tensões induzidas, que são; *Fraturas de cisalhamento e de tração que podem levar a problemas como:* Encravamento *de tubos*, operações residuais, uniformidade da parede do poço, cimentação fraca, bypass e principalmente lama de perfuração.

Ao determinar a pressão crítica de lama necessária para manter o poço estável, esses problemas podem ser evitados na perfuração. O problema da fuga de fluido de perfuração tem sido evidente desde o início da perfuração de poços de petróleo e gás, e quando este problema se tornou grave, a perfuração de poços de petróleo e gás profundos ou drenados foi colocada na ordem do dia. Muitos parâmetros afectam a intensidade do fluido de perfuração, incluindo o gradiente de pressão da formação, o gradiente de pressão da fratura da formação, as caraterísticas do fluido de perfuração, a litologia da formação que está a ser perfurada, a presença de veios e grutas na formação, os parâmetros de perfuração como a pressão e o caudal da bomba e muitos outros parâmetros conhecidos e desconhecidos que tornam muito difícil prever a quantidade de desperdício de fluido quando se perfura um poço numa determinada formação.

De acordo com a teoria habitual das fracturas, quando a tensão tangencial aplicada à parede do poço é superior à resistência à tração da rocha, cria-se uma fratura induzida e tudo acontece. As fracturas induzidas são causadas pelo conflito entre as tensões em torno do poço e o fluido de perfuração e o aumento do valor de ECD em relação a LOT. As companhias petrolíferas gastam milhões de dólares anualmente para resolver o problema dos derrames e, além disso, problemas como a perda de tempo da plataforma, encravamentos de tubos, rebentamentos de poços, perda de um grande volume de fluido de perfuração e danos na formação também podem ser causados por derrames. A principal razão para a perda total de fluido de perfuração são as fracturas induzidas, que representam mais de 90% dos custos gastos no tratamento de perdas, que podem ser minimizados através da modelação e previsão da pressão de fratura da parede do poço.

Os problemas causados pelos derrames de lama custam à indústria de perfuração mais de 2 mil milhões de dólares por ano em todo o mundo, podendo atingir os 4 mil milhões de dólares. Apesar dos muitos esforços efectuados nos últimos anos, a lama de perfuração continua a ser um dos problemas básicos levantados nos círculos dos engenheiros de perfuração. Há várias razões para os derrames de lama de perfuração, mas de acordo com os relatórios recebidos dos campos petrolíferos, a instabilidade da parede do poço e especialmente as fracturas induzidas podem ser consideradas como uma das razões comuns para os derrames de lama de perfuração; que mais de 90% das despesas gastas no tratamento de derrames são atribuídas a este caso.

Por conseguinte, o estudo da estabilidade da parede do poço na engenharia petrolífera é uma questão importante e desafiante. O objetivo desta investigação é analisar a estabilidade da parede do poço durante a operação de perfuração. Alguns dos reservatórios de carbonato do Irão, que foram parcialmente drenados, têm problemas de instabilidade e derrame de lama de perfuração em condições de perfuração de elevado equilíbrio; por conseguinte, para reduzir os custos e o tempo perdido durante as operações de perfuração, é muito importante escolher uma janela de lama segura.

Em geral, o objetivo do estudo da estabilidade da parede do poço é o seguinte

❖ A questão das fugas e da instabilidade dos poços continua a ser uma questão controversa entre os investigadores nos campos petrolíferos do Irão, que pode ser evitada através do planeamento e da aplicação de um plano prudente antes das operações de perfuração.

❖ Um melhor conhecimento do derrame de lama de perfuração e a previsão do derrame devido à instabilidade da parede do poço fazem com que o derrame diminua significativamente durante a operação de perfuração.

❖ A estabilidade do poço e a ausência de desperdício de lama de perfuração reduzirão os custos adicionais e a perda de tempo, que é uma das principais preocupações dos engenheiros de perfuração que atingem esta fase de conhecimento.

Como explicado nas secções anteriores, uma das razões mais importantes para as falhas induzidas na parede do poço é o aumento ou a diminuição do peso da lama de perfuração. Um aumento ou uma diminuição excessiva do peso do fluido de perfuração provoca a perturbação do equilíbrio entre as tensões resultantes da pressão da lama de perfuração e as tensões na parede do poço.

Capítulo II

Fundamentos e antecedentes da investigação

Introdução

O derrame de fluido de perfuração é sempre analisado em duas partes distintas, ou seja, a prevenção e o tratamento do derrame. A prevenção é a utilização de experiências semelhantes, a conceção e planeamento adequados do poço, estudos geológicos e geotécnicos e tudo o que possa evitar a ocorrência de acidentes antes e durante a perfuração. A utilização de técnicas de controlo de derrames e também de materiais de controlo de derrames após o fenómeno de derrame é designada por tratamento de derrames. De um modo geral, este capítulo é composto por duas partes: na primeira parte, são apresentados os tipos de comportas, os tipos de comportas e outros conceitos relacionados e, na segunda parte, são analisados os antecedentes da modelação da estabilidade da parede do poço e das comportas.

Pilhas de lama de perfuração

O derrame de fluido de perfuração refere-se à perda de circulação ou de fluido de retorno, ao afundamento e à perda de fluido de perfuração ou de pasta de cimento nas fissuras de formação durante as operações de perfuração. O derrame pode começar com a redução gradual do nível de lama nos reservatórios ou com o desperdício total da lama devolvida; é claro que a diminuição do volume de lama devido ao transbordamento das peneiras e ao enchimento do poço ao mesmo tempo que o progresso da perfuração não deve ser confundido com transbordamento.

A natureza, a gravidade e o modo de contaminação são diferentes em diferentes poços, e mesmo as experiências de uma área não são capazes de fornecer um plano e uma recomendação que inclua todos os problemas. No entanto, uma operação especial e regular, utilizando os métodos conhecidos mais eficazes e económicos, é utilizada para controlar tudo. Em operações especiais, são também utilizadas medidas preventivas e corretivas, de forma a utilizar materiais de controlo de resíduos, bentonite, gasóleo e cimento e uma mistura de materiais de vedação disponíveis em cada local de perfuração de forma optimizada.

Tipos de lixo

A quantidade de fuga de lama pode ter valores diferentes de acordo com a velocidade de penetração da lama na formação e o tipo de fissuras na formação, de modo que a taxa de fuga de lama varia de um barril por hora a mais de quinhentos barris por hora (fuga grave) e fuga completa. Em geral, a intensidade das manchas de lama é classificada em três grupos.

1- Qualquer infiltração

Normalmente, um fluxo entre 1 e 10 barris por hora é chamado de fluxo de infiltração, e um dos seus sinais é uma lenta diminuição do nível de lama no tanque. A percolação ocorre principalmente em formações com alta permeabilidade, como arenito, cascalho de ervilha, concha e sedimentos de recife com permeabilidade moderada [8].

2- Danos menores

Um vazamento entre 10 e 100 barris por hora é chamado de vazamento menor. Neste tipo de perfuração, a perda de lama é mais grave, mas não chega a atingir mais de 100 barris por hora, e ocorre normalmente em zonas com elevada porosidade ou fracturas naturais [8].

3- Resíduos completos

Uma fuga de mais de 500 barris por hora é designada por fuga completa e uma das suas caraterísticas é a perda súbita e grave de lama de perfuração. Este tipo de desalinhamento ocorre principalmente em áreas naturais e induzidas com buracos, cavernas e fracturas, e a queda da broca durante a perfuração de alguns milímetros a alguns centímetros pode ser um sinal da ocorrência deste tipo de desalinhamento [8].

Zonas de derrame

A escavação de lama de perfuração ocorre em diferentes áreas com base no tipo de formação em termos de litologia, como o tamanho das partículas é distribuído na formação, a estrutura da área de escavação e o processo de operações de perfuração. A figura (2) mostra essas áreas de lama de perfuração, que continuaremos a examinar nas áreas mostradas na figura.

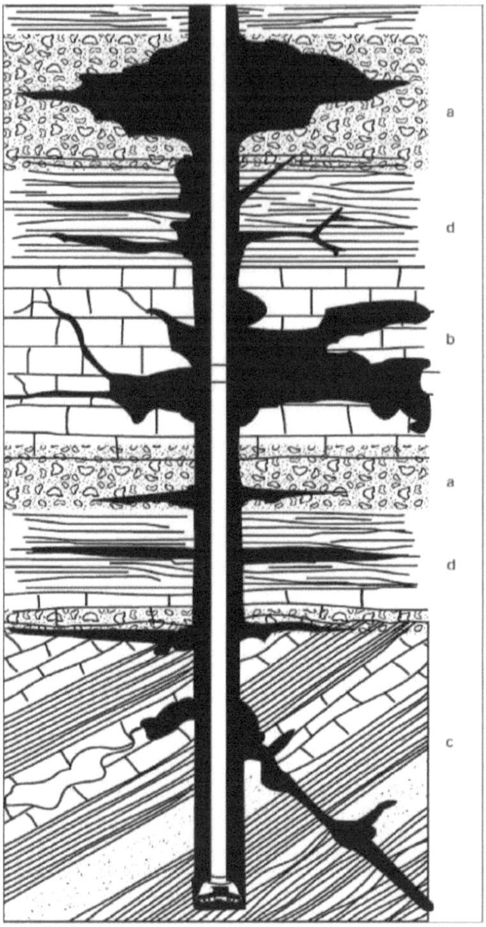

Figura 2. Tipos de regiões de derrame

1- Formações permeáveis e não densas

Este tipo de erosão ocorre em formações que têm alta permeabilidade. Normalmente, se a distância entre as partículas da formação for inferior a 20 mesh (0,83 mm), esta pode ser bloqueada pelos constituintes da lama, mas nas formações com elevada porosidade efectiva, que segundo algumas opiniões, a sua permeabilidade atinge mais de 14 Darcy, o revestimento de lama não consegue cobrir a parede do poço. cobertura e, portanto, ocorre desperdício (Figura 2a). Por esta razão, podemos mencionar as camadas soltas e não densas de cascalho, depósitos de recifes e arenitos que se encontram a uma profundidade reduzida. Outra coisa que pode ser incluída neste grupo é o desperdício causado por reservas esgotadas. A figura (3) mostra um exemplo deste tipo de erro.

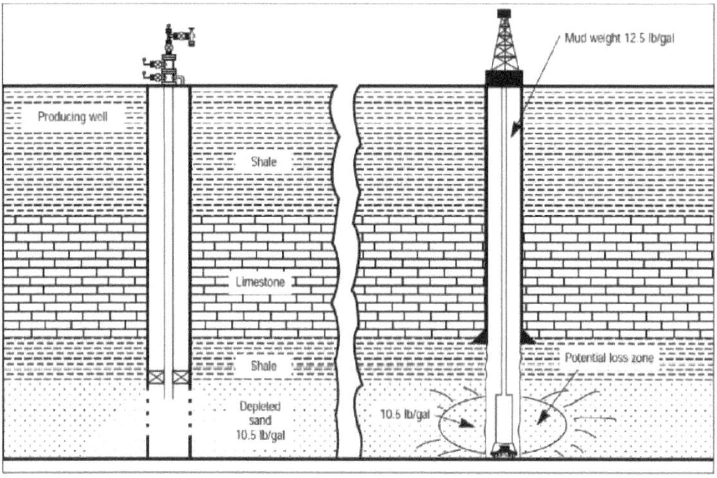

Figura. 3. Derrame em formações desinsufladas [9]

Os reservatórios de petróleo e gás que foram explorados durante muitos anos perdem gradualmente os fluidos que contêm e, como resultado, a sua pressão diminui e, subsequentemente, o desejo de beber outros fluidos neles aumenta; Por conseguinte, a lama de perfuração utilizada nos poços de desenvolvimento próximos penetra na construção do Benefício. Este tipo de erosão é particularmente importante porque ocorre no reservatório e pode causar danos à formação e criar uma crosta [9].

2- Formação Vugular e Cavernosa

Se a resistência estrutural da rocha for tal que possa resistir às forças de compressão do subsolo, de acordo com as condições da formação, serão criados buracos e grutas na estrutura do maciço rochoso. Uma das razões importantes para a criação de tais buracos é a presença de fluidos que dissolvem a rocha na formação. As águas congénitas na formação criam buracos na formação sob a forma de condutas de solventes ao longo de milhões de anos. Estas cavidades, ligadas por canais, podem variar entre dimensões muito reduzidas e cavidades cavernosas, que são designadas por porosidade secundária. A resistência estrutural destes buracos tem uma relação inversa com as dimensões e a profundidade da sua localização, pelo que não se encontram habitualmente em zonas profundas. Estas cavidades são maioritariamente observadas em rochas carbonatadas, dolomíticas e recifais, e a sua ocorrência é súbita e elevada e depende das dimensões e ligações das cavidades [10].

3- Formações fissuradas e falhas naturais

Se a formação tiver fendas, fissuras e juntas, a operação de perfuração será acompanhada de perfuração e a quantidade de perfuração é proporcional ao seu número, tamanho e direção (vertical ou horizontal). Normalmente, as fracturas naturais nas formações são horizontais até uma profundidade de 5.000 pés e mais verticais. O grau de abertura destas fissuras depende da estrutura do maciço rochoso, das pressões tectónicas e da profundidade do terreno. É possível que as fissuras naturais que já se formaram e foram fechadas devido às forças de compressão causadas pelo peso da sobrecarga ao longo de muitos anos, devido ao aumento das suas dimensões devido à difusão cristalina ou não-cristalina ou por seixos soltos, sejam propensas ao colapso [10].

4- Formações com lacunas de indução

Estas formações não apresentam inicialmente uma fenda ou uma junta que cause qualquer dano, mas durante a perfuração e devido à diferença excessiva entre as forças aplicadas pela lama de perfuração e a resistência das rochas da parede do poço, essas fendas aparecem e são conhecidas como fracturas induzidas [10].

Tabela 1. Caraterísticas dos diferentes tipos de zonas de derrame [9, 10]

Oco e Formações com fissuras formações	naturaisPermeáveis fissuras cavernosas induzidas formaçõesformações	
1- Derrames acontece completamente de repente e 1- Pode existir em qualquer sem anterior tipo de formação. sintomas. 2- A distorção não é 2- Normalmente grave, mas se a perfuração começar com um continua e a perturbação é mais grave. as lacunas são colocadas no 3- Durante a perfuração caminho do poço, pode em poços próximos até levar a não tem completo aconteceu em desintegração. o mesmo condições, este tipo de perfuração é possível.	1- Encontra-se em formações calcárias, dolomíticas e recifais. 2- A broca desce entre alguns centímetros e alguns metros antes de alguma coisa correr mal. 3- A escavação é efectuada de forma irregular e turbulenta. 4- Os derrames são graves e repentinos.	1- São observados em formações com elevada permeabilidade; também são observados em arenitos petrolíferos não densos com uma permeabilidade de 3,5 Darcy.

Causas dos resíduos de lamas de perfuração

Exceptuando os buracos e fissuras nas áreas que foram criadas naturalmente e como resultado de vários factores geo-mecânicos e geotérmicos da terra, ao longo de muitos anos, muitos casos de detritos de lama de perfuração são causados pelas fracturas resultantes do aumento das forças da lama para a formação, que são também como mencionado anteriormente, são chamadas fendas de indução. A forma de criar fissuras induzidas nos poços de perfuração é semelhante à das fracturas hidráulicas em torno dos poços de completação, com a diferença de que as fissuras induzidas ocorrem involuntariamente durante as operações de perfuração e conduzem a desperdícios, pelo que são indesejáveis nas operações de perfuração.

No entanto, as fracturas hidráulicas são criadas pelos próprios agentes de perfuração e com o objetivo de estimular o poço após a conclusão da operação de perfuração e a conclusão do poço, causando um maior movimento de materiais de hidrocarbonetos para o poço e, eventualmente, aumentando a produção. Vários factores e forças estão envolvidos na criação de fracturas induzidas, cujos resultados podem causar estas fracturas. A seguir, tenta-se investigar os factores e indicadores eficazes na criação e expansão do fenómeno de derrame com base em forças frágeis e forças restritivas.

Efeitos indesejáveis do consumo excessivo

A contaminação dos fluidos de perfuração é uma das questões mais problemáticas nas operações de perfuração de poços de petróleo e gás. O custo anual devido ao desperdício de ingredientes da lama e à perda de tempo das máquinas de perfuração ascende a milhões de dólares e, por vezes, a milhares de milhões de dólares. Depois de examinar as caraterísticas e as causas da contaminação nas secções anteriores, nesta secção são mencionados os efeitos adversos da contaminação do fluido de perfuração;

- ❖ O risco de erupção de camadas de fluido de alta pressão do poço, que ocorre devido à perturbação do equilíbrio de pressões no interior do poço.
- ❖ A possibilidade de ser arrastado e assentar sob o equipamento de perfuração, nos casos em que a erosão ocorre em camadas não densas e pouco profundas.
- ❖ Danos na formação de produção quando há água na rocha reservatório.
- ❖ Custos de desperdício de fluido de perfuração e de preparação de compostos anti-resíduos.
- ❖ O custo da perda de tempo do equipamento da plataforma, do pessoal da plataforma e da depreciação do equipamento.
- ❖ Resíduos ambientais.
- ❖ A possibilidade de danificar minerais com valor económico.

Como resultado dos casos mencionados, num poço normal, os custos de encontrar e lidar com o fenómeno de derrame de fluido de perfuração, com base no tipo e gravidade do derrame, podem incluir entre 10 e 20% dos custos totais de perfuração [9].

Métodos para lidar com a tirania

Uma vez que os factores mais importantes que causam derrames de fluidos de perfuração estão nos planos e métodos das operações de perfuração, devem ser identificadas antecipadamente e utilizadas durante a perfuração formas de evitar este fenómeno. Alguns destes casos são [10]:

> Escolher o peso correto da lama de perfuração de modo a que, aplicando o peso extra necessário, a pressão hidrostática do fluido de perfuração esteja no seu valor mínimo, ou seja, não ocorram derrames nem erupções.

> Evitar o movimento rápido da coluna de perfuração no interior do poço e todos os factores que provocam pressão de onda e pressão de sucção no poço.

> Estimativa exacta das fracturas verticais e horizontais e dos gradientes de pressão dos poros das formações.

> Evitar o fenómeno de chicoteamento da coluna de perfuração.

> Seleção correta das especificações do fluido de perfuração.

> Determinação do local correto de instalação dos tubos de parede nas profundidades do poço.

> Utilização de métodos avançados de automatização e registo das operações de perfuração.

> Controlo da velocidade de perfuração, velocidade de rotação da broca, peso da broca, limpeza adequada do poço dos detritos de perfuração, etc.

Métodos de tratamento de qualquer doença

Na operação de perfuração, o plano geral da operação é verificado antes da execução da operação e tenta-se evitar a ocorrência de qualquer acidente, considerando métodos preventivos. Deve reconhecer-se que, mesmo tendo em conta todas as medidas mencionadas, podem ainda ocorrer fenómenos aleatórios. Para o efeito, a fim de evitar a continuação do derrame de fluido de perfuração, de acordo com o tipo e a intensidade do derrame e se o derrame ocorreu em camadas produtivas ou não, existem métodos que serão mencionados a seguir.

1- Puxar os tubos e esperar

Este método é o primeiro e menos dispendioso trabalho aplicado quando se enfrenta o fenómeno de fuga de fluido de perfuração, especialmente no caso de fracturas induzidas. As fracturas induzidas que são criadas na parede do poço devido às pressões internas do poço podem ser reparadas se a operação de perfuração for interrompida e o tempo passar. De facto, o significado de reparação é o fecho das aberturas da fratura devido às forças laterais em torno da fenda e à penetração e revestimento de partículas sólidas de lama na mesma [10].

2- Utilização de agentes anti-incrustantes no fluido de perfuração

Nos casos em que os danos são causados por fracturas e buracos naturais na formação e o seu tratamento falha com o método de parar a perfuração e esperar, e também nos casos em que o método de espera não funciona para fracturas induzidas, devem ser utilizadas outras soluções.

Um destes métodos é a utilização de materiais anti-incrustantes na composição da lama de perfuração. Estes materiais são adicionados à lama em determinados tamanhos, de acordo com o tipo e a intensidade da contaminação, e são direcionados para o poço de modo a bloquear as fissuras. Ao adicionar estes materiais, deve ser observado o seguinte [11]:

❖ Deve ser capaz de cobrir as fissuras da parede do poço como uma barreira forte e estável.

❖ O tipo e a quantidade de materiais anti-incrustantes utilizados não devem ser de molde a bloquear os tubos de perfuração e os bocais de perfuração.

❖ O material de controlo de derrames deve ser capaz de manter as suas propriedades face a factores como a alta temperatura e a alta pressão.

❖ Se tiver ocorrido corrosão nas formações de produção, os materiais anticorrosivos devem ser selecionados de forma a não causarem danos à formação; ou, por outras palavras, devem ter a capacidade de se dissolverem em ácido.

Os materiais anti-incrustantes dividem-se em três categorias com base no seu aspeto e, se necessário, utiliza-se um deles ou uma combinação dos mesmos para bloquear fissuras e buracos na formação.

1- Materiais granulares

Estes materiais são granulares e quase redondos; tais como casca de noz, carbonato de cálcio, arroz em casca, plástico, asfalto, etc.

2- Material escamoso

A dimensão das partículas destes materiais numa dimensão é inferior às outras duas dimensões; tais como mica, ostra, celofane, madeira de algodão, casca de linhaça, etc.

3- Materiais de rosca

As partículas destes materiais são mais longas numa dimensão do que nas outras dimensões; tais como fibras de madeira, linho, serradura, papel, lã de camelo, fibras têxteis, couro, musgo, penas, minerais fibrosos, etc.

A distribuição dimensional do material anti-incrustante é muito importante para criar um bloqueio adequado dentro da formação. Assim, primeiro as partículas maiores são transferidas para o interior das aberturas e depois as partículas mais pequenas cobrem os seus lados e este processo continua em condições ideais até ser criado um bloqueio impenetrável. Acredita-se que a melhor distribuição dimensional do material anti-incrustante é uma combinação cuja maior dimensão é cerca de 40% da largura da abertura da fenda. Além disso, recentemente, foram desenvolvidos novos modelos e relações matemáticas com a ajuda de informações obtidas a partir de cartas de prospeção de poços para estimar e caraterizar as fissuras nas paredes dos poços [12].

4- Utilização de caldas de injeção

Nos casos em que os métodos de espera e de adição de materiais anti-incrustantes à lama de perfuração não funcionam, é necessário utilizar lamas com composições especiais e diferentes da lama de perfuração. As lamas são fluidos viscosos que são fabricados à superfície e injectados numa quantidade pré-determinada com base nas condições da zona afetada, como a temperatura, a pressão e a intensidade da zona afetada. De acordo com as condições, podem também ser utilizadas substâncias anti-alérgicas nas suas composições. Em geral, são utilizados dois tipos de caldas de injeção nas operações de prevenção de inundações, de acordo com a gravidade da inundação e as condições das áreas inundadas [7].

> Caldas de injeção com elevado teor de água (caldas de injeção sem cimento);
> Argamassas de cimento;
> Argamassas de cimento puro;
> Lamas de cimento de bentonite e de atapulgite;
> Caldas de cimento agregado;
> Caldas de cimento temporárias;
> Argamassas de cimento de fabrico próprio;
> Betumes poliméricos;
> Betumes de suporte;
> Grouts magnéticos.

Razões para a incapacidade de lidar com a tirania

Nos casos em que, mesmo com a aplicação de todos os métodos mencionados, a erupção cutânea não pára e continua, pode ser mencionada uma das seguintes razões [10].

❖ Falha na colocação do tubo de parede no local pré-determinado ou erros nos cálculos de engenharia e na mecânica de pedra da operação de perfuração;

❖ Alteração das caraterísticas da lama de perfuração no poço em relação à superfície;

❖ A falta de um diagnóstico exato das zonas de derrame;

❖ A inadequação do método de execução, composição e distribuição das dimensões dos materiais de controlo de resíduos e caldas de injeção;

❖ Fraqueza considerável da estrutura geo-mecânica da formação contra as pressões do fluido de perfuração.

Com o avanço e a evolução da tecnologia, foi criada a utilização de dispositivos novos e actualizados na indústria de perfuração de poços de petróleo e gás. Por exemplo, a ferramenta de medição durante a perfuração pode medir todas as pressões no interior do poço que ocorrem durante a operação de perfuração. As ferramentas CDR são um exemplo deste equipamento que pode medir as pressões no poço com os seus sensores precisos. Estes dispositivos são colocados como componentes da coluna de perfuração ao longo das tubagens no interior do poço e podem, para além de medir e registar a densidade equivalente de circulação (ECD), as pressões de onda e de sucção, o binário no fundo do poço, o peso na broca e fenómenos como a aderência da coluna de perfuração à parede do poço [8].

O contexto da modelação da estabilidade do poço e do derrame

A verificação da estabilidade do poço e um planeamento cuidadoso antes da perfuração permitirão identificar áreas problemáticas, evitá-las ou reduzi-las e melhorar as operações de perfuração em geral. Dois factores importantes na modelação da estabilidade do poço são os critérios de fratura e os modelos comportamentais; por conseguinte, nesta secção, serão revistos e examinados vários critérios de fratura e modelos comportamentais, bem como vários modelos analíticos e numéricos que já foram realizados para identificar e prever a instabilidade do poço.

A perfuração de um poço numa formação altera as tensões em torno da parede do poço devido à remoção de rocha. Esta acumulação de tensões é muito importante, porque aumenta a tensão à volta da parede do poço; por isso, para estabilizar o poço, estas tensões induzidas devem ser moderadas por uma pressão de lama adequada e óptima. Embora, devido aos diferentes tipos de pedras, seja difícil e complicado escolher o critério de falha de pedra apropriado; Mas um grande número de critérios de falha de modelo comportamental tem sido usado para evitar a instabilidade do poço [13, 14].

Como um critério por si só não pode ser adequado para todas as condições e rochas, os engenheiros de perfuração devem ser capazes de escolher um critério de falha adequado com base nas caraterísticas da rocha reservatório para prever a melhor direção do poço e a pressão de lama ideal. Os critérios de Mohr-Columb [15] e Drucker-Prager [15] são dois critérios normalmente utilizados na análise de estabilidade de poços; mas as pressões mínimas de lama previstas por estes dois critérios são completamente diferentes. O critério de Mohr-Columb prevê uma pressão de lama ligeiramente superior à realidade devido ao facto de ignorar o efeito da tensão média, enquanto que a pressão de lama prevista utilizando o critério de Drucker-Prager é inferior à realidade. Bradley [16] foi o primeiro a propor o modo de falha compressiva em poços inclinados com o objetivo de determinar o peso de lama adequado para evitar o colapso do poço; mas Bradley fez toda a sua análise nos casos em que as tensões horizontais eram iguais e inferiores à tensão vertical.

Oi [17] concluiu que o critério do chumbo modificado prevê um peso de lama inferior ao peso de lama previsto pelo critério de Mohr-Columb, mas este valor de peso de lama é superior ao peso de lama previsto pelo critério.

Al-Ajami e Zimmerman [14] propuseram critérios totalmente multiaxiais denominados critério Mogy-Columb, em 2006 apresentaram um novo modelo analítico tridimensional para determinar o peso de lama necessário para evitar a instabilidade de poços verticais com base no critério Mogy-Columb. Os seus estudos mostraram que a tensão principal média desempenha um papel importante na resistência da rocha, e a janela de pressão de lama obtida utilizando o critério Mogy-Columb é superior ao valor obtido pelo critério Mohr-Columb. Além disso, em 2009, concluíram do seu trabalho de investigação que a escolha da melhor direção do poço depende basicamente da dimensão e da direção das tensões in situ no solo [13].

Por outro lado, a instabilidade do poço durante a perfuração pode levar a custos operacionais elevados. Com o aumento do número de poços perfurados em profundidade, a análise mecânica integrada das rochas é de grande importância para avaliar a estabilidade do poço [18]. Os métodos de modelação numérica, tais como os elementos finitos e as diferenças finitas, são amplamente utilizados para analisar a estabilidade do poço em diferentes regimes de tensão, na conceção do poço e na fracturação hidráulica [19].

Addis e Makin [20] discutiram o método numérico de elementos finitos para avaliar os parâmetros estáveis do poço. Chatterjee e Makhopadhyay [21] utilizaram o software Ansys para investigar as tensões em torno do poço e os efeitos da pressão do fluido durante a perfuração. Concluíram que a pressão dos poros aumentará as tensões circundantes. Hong et al. [22] investigaram a estabilidade em poços com várias ramificações. Chegaram à conclusão de que a direção de separação dos poços, bem como as tensões in situ, terão um papel importante na estabilidade do poço. Wang e Sterling [23] utilizaram o método numérico de elementos finitos para analisar a estabilidade da parede de um poço horizontal perfurado em reservatórios de arenito fracos com o efeito de bolo de lama em torno do poço. Concluíram que o bolo de lama pode prevenir a instabilidade do poço até certo ponto.

Muller et al. [24] investigaram a estabilidade do poço em poços com várias ramificações em que a rocha se encontrava num estado elastoplástico. Associaram os efeitos mecânicos e fluidos e avaliaram o efeito da produção nas alterações de deslocamento e na instabilidade do poço.

Albert et al. [25] avaliaram a estabilidade do poço em estados inclinados e multi-ramos e concluíram que a parte mais instável do poço é a área onde o poço se ramifica. Em 2010, Salehi et al [26] investigaram a estabilidade do poço em condições de perfuração em equilíbrio e utilizaram métodos de elementos finitos e de diferenças finitas para validar os seus resultados.

Em 2010, Abdo et al [27] conseguiram melhorar as propriedades do fluido de perfuração e reduzir a possibilidade de contaminação da lama de perfuração utilizando nanopartículas na lama. Ao utilizarem nanopartículas, optimizaram a quantidade de utilização destes aditivos e reduziram significativamente o custo de fabrico do fluido de perfuração, utilizando nanopartículas para além da utilização de aditivos convencionais na lama de perfuração, que têm um custo elevado. Além disso, ao utilizarem um fluido de perfuração melhorado através da nanotecnologia (NEDF) e do controlo da viscosidade, evitaram a criação de forças de compressão e de tração elevadas na parede do poço e, consequentemente, evitaram o fenómeno de derrube. Além disso, os nano aditivos proporcionam as propriedades tixotrópicas da lama de perfuração, de modo que, se a operação de perfuração for interrompida, a lama pode tornar-se gelatinosa e evitar a sedimentação dos registos de perfuração e impedir que a ferramenta de perfuração fique presa no interior do poço.

A lama gelatinosa também deve ser de tal forma que passe do estado de gelatina para o estado líquido com o mínimo de tensão e devolva a propriedade de tixotropia da lama novamente [28]. Oscar e colegas [29], em 2012, mostraram que a utilização de nanopartículas juntamente com grafite em lamas de perfuração à base de petróleo provoca um aumento significativo da pressão de fratura da rocha de formação da parede do poço e, como resultado, reforça a parede do poço e, em seguida, causa limitação, tornando possível a criação de qualquer fenómeno. Em 2014, o Sr. Qalambar et al. [30] estudou os métodos comuns de tratamento da raiva, tais como a utilização de materiais de controlo da raiva, tampões e outros materiais, e comparou o custo de cada método, cujos resultados nos levaram a métodos e materiais para a prevenção da raiva. Após o projeto detalhado da operação de perfuração, a utilização de materiais para reforçar a parede do poço tem a maior eficiência.

Em 2014, o Sr. Mortadha e os seus colegas [31] examinaram a eficácia dos materiais de reforço das paredes dos poços, bem como dos materiais de controlo dos resíduos, em função dos factores que os afectam. Com base nesta investigação, mencionaram a distribuição do tamanho dos grãos, o diâmetro e a forma dos grãos como os factores que mais influenciam o derrame.

Instabilidade da parede do poço

Tensões e conceitos relacionados

A componente chave de uma modelação geo-mecânica abrangente é o conhecimento das tensões existentes. Quando um objeto é carregado uniformemente, a tensão pode ser considerada como uma força na área da secção transversal. A falha do poço ocorre porque a acumulação de tensões à volta do poço se torna superior à resistência da rocha. A unidade desta quantidade no sistema SI é newton por metro quadrado ou Pascal. Outras unidades como MPa, KPa, Kg/cm^2 , psi e bar são também utilizadas nas ciências da engenharia. Na mecânica das rochas, o MPa é a unidade de tensão mais comum devido ao elevado nível de tensões aplicadas. A avaliação dos componentes de tensão é um problema completamente estático. Os conceitos e definições relacionados com a tensão serão discutidos mais adiante.

> **Tensão num ponto**

A tensão num ponto do corpo exprime a resistência interna do corpo devido a pressões externas; por conseguinte, a tensão depende da força (F) e da área da secção transversal (A), o que é expresso pela equação (1):

$$(1)\ \sigma = \frac{F}{A}$$

A tensão é um tensor que representa a quantidade de forças exercidas em todos os planos que passam por um ponto. As tensões aplicadas no plano perpendicular ao eixo y são indicadas por σ_y , τ_{yx}, e τ_{yz} enquanto as tensões aplicadas no plano perpendicular ao eixo z são indicadas por σ_y , τ_{yx}, e τ_{yz} .

O tensor de tensão é expresso pela equação (2).

$$(2) \begin{bmatrix} \sigma_x & \tau_{xy} & \tau_{xz} \\ \tau_{yx} & \sigma_y & \tau_{yz} \\ \tau_{zx} & \tau_{zy} & \sigma_z \end{bmatrix}$$

O subscrito de cada componente de tensão indica a direção da força e o plano em que a força é aplicada; por conseguinte, cada componente de tensão indica uma força que actua numa determinada direção [32]. Assim, o tensor geral de tensão pode ser escrito como a equação (3):

$$(3) \begin{bmatrix} \sigma_{xx} & \sigma_{xy} & \sigma_{xz} \\ \sigma_{yx} & \sigma_{yy} & \sigma_{yz} \\ \sigma_{zx} & \sigma_{zy} & \sigma_{zz} \end{bmatrix}$$

Para o estado de tensão principal, onde não há tensão de cisalhamento, o tensor diminui conforme a equação (4):

$$(4)\begin{bmatrix}\sigma_1 & 0 & 0\\ 0 & \sigma_2 & 0\\ 0 & 0 & \sigma_3\end{bmatrix}$$

E um caso especial desta matriz está relacionado com a tensão hidrostática em que as três tensões são iguais em todas as direcções, ou seja, $\sigma_1 = \sigma_2 = \sigma_3 = \bar{\sigma}_1$ o tensor de tensão terá a forma
da igualdade (5).

$$(5)\begin{bmatrix}\bar{\sigma} & 0 & 0\\ 0 & \bar{\sigma} & 0\\ 0 & 0 & \bar{\sigma}\end{bmatrix}$$

O outro tensor está relacionado com a tensão de corte total, ou seja,
$\sigma_{xx} = \sigma_{yy} = \sigma_{zz} = 0$ é definido como a equação (6).

$$(6)\begin{bmatrix}0 & \sigma_{xy} & \sigma_{xz}\\ \sigma_{yx} & 0 & \sigma_{yz}\\ \sigma_{zx} & \sigma_{zy} & 0\end{bmatrix}$$

Assim, o tensor global de tensões na equação (3) consiste em dois tensores denominados tensor de tensões hidrostáticas e tensor de tensões de cisalhamento [33]. Note-se que a tensão de cisalhamento será realizada quando a primeira constante de tensão, I1, for igual a zero, ou seja;

$$(7)\ I_1 = \sigma_{xx} + \sigma_{yy} + \sigma_{zz} = 0$$

As constantes de tensão são valores que não dependem da direção do eixo. Por exemplo:
A segunda constante de tensão:

$$(8)\ I_2 = \sigma_{xx}\,\sigma_{yy} + \sigma_{yy}\,\sigma_{zz} + \sigma_{zz}\,\sigma_{xx}$$

Tensão normal média : σ_m:

$$(9)\ \sigma_m = \frac{1}{3}(\sigma_x + \sigma_y + \sigma_z) = \frac{1}{3}(\sigma_1 + \sigma_2 + \sigma_3)$$

E tensão de cisalhamento octaédrica:

$$(10)\ \tau_{oct} = \frac{1}{3}\sqrt{(\sigma_1 - \sigma_2)^2 + (\sigma_2 - \sigma_3)^2 + (\sigma_3 - \sigma_1)^2}$$

Existem três constantes de tensão que são utilizadas como exemplos nos critérios de rotura [4].

Deformação e conceitos relacionados

Quando um corpo é afetado por forças externas, muda de forma. Como resultado da alteração da forma dos pontos no interior do objeto, este altera a sua posição em relação ao seu estado inicial. A deformação é um coeficiente sem dimensão definido como o rácio entre o alongamento e o comprimento inicial. Se o módulo de elasticidade ou a secção transversal da barra se alterarem, a deformação alterar-se-á em qualquer ponto.

$$(11)\ \frac{l-l_0}{l_0} = \varepsilon$$

Para um objeto, os componentes de deformação podem ser apresentados como o tensor de tensão com uma matriz (12).

$$(12)\ \begin{bmatrix} \varepsilon_{xx} & \varepsilon_{xy} & \varepsilon_{xz} \\ \varepsilon_{yx} & \varepsilon_{yy} & \varepsilon_{yz} \\ \varepsilon_{zx} & \varepsilon_{zy} & \varepsilon_{zz} \end{bmatrix}$$

Parâmetros que afectam a estabilidade do poço

Ao examinar a estabilidade do poço, pode concluir-se que a estabilidade do poço depende das tensões in situ e da resistência da rocha. Como já foi referido, a acumulação de tensões pode ser a principal causa da instabilidade do poço. A fim de evitar fissuras induzidas e o possível colapso do poço, os engenheiros de perfuração devem prever a pressão de lama ideal e também a melhor direção do poço de acordo com as tensões in situ.

Em geral, a possibilidade de mudar a direção do poço é limitada e, por conseguinte, é evidente que, na maioria dos casos, a instabilidade do poço é evitada pela pressão ideal da lama. No passado, a diferença de pressão entre o poço e o fluido de perfuração situava-se entre 100 e 200 psi, independentemente da resistência da rocha e das tensões in situ; mas só isto não pode cobrir todos os aspectos da estabilidade do poço durante as operações de perfuração [13].

A figura (4) mostra a janela de lama óptima e cinco condições diferentes de poço sob diferentes condições de pressão. A melhor condição da lama de perfuração é indicada por A'- B', a condição em que o poço permanecerá estável. Pelo contrário, A-B mostra a pior condição da lama de perfuração, e se

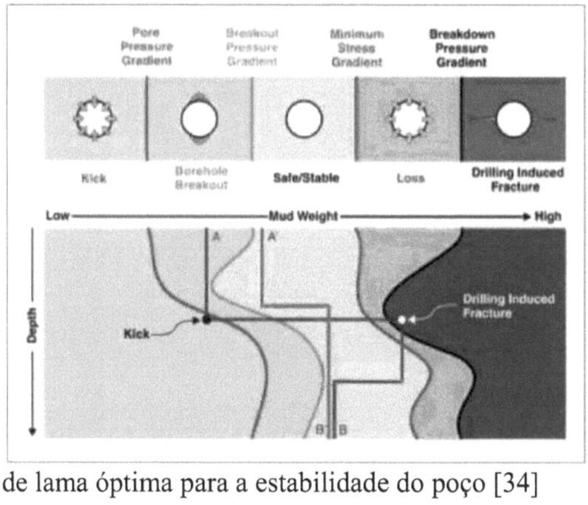

Figura 4. Janela de lama óptima para a estabilidade do poço [34]

Se a pressão da lama for inferior à pressão dos poros, o fluido entrará no poço e se a pressão da lama for superior à resistência da rocha, será criada uma fissura na parede do poço, o que provocará o derrame da lama de perfuração e é muito dispendioso [34]; por conseguinte, para evitar a instabilidade da parede do poço, a previsão da janela de lama segura será de grande importância, cuja previsão exacta requer a identificação das caraterísticas da rocha, bem como das tensões in situ.

Tensões in situ

A estabilidade dos poços profundos depende da resistência do maciço rochoso em torno do poço e das tensões criadas nesta zona. Estas tensões induzidas dependem da forma do poço e das tensões in situ antes das operações de perfuração. Estas tensões de compressão incluem a tensão de sobrecarga, a tensão horizontal mínima e a tensão horizontal máxima, que são descritas a seguir.

Tipos de tensões

1- Tensão à cabeça

A tensão de sobrecarga é o resultado do peso das camadas sedimentares superiores. A grandes profundidades, as tensões verticais e horizontais tornam-se muito próximas uma da outra e atingem tensões hidrostáticas. Embora a tensão de sobrecarga não seja obtida diretamente, pode ser facilmente calculada a partir do integral da densidade da rocha a diferentes profundidades. A tensão vertical é simplesmente obtida através do diagrama de densidade na forma da equação (13):

$$(13)\ \sigma_z = \int_0^z \rho(z) g\, dz$$

2- Tensão horizontal mínima

Existem vários métodos para determinar a tensão horizontal mínima, um_h único método completamente fiável é o método de fracturação hidráulica da formação, no qual se bloqueia o canal de retorno da lama e se continua a bombear o fluido até que se crie uma fenda no poço e a pressão da lama caia subitamente, registando-se a pressão que causou a falha. Considerando o comportamento pró-elástico da rocha, a tensão horizontal mínima pode ser obtida utilizando parâmetros como o rácio de Poisson, as deformações horizontais, a pressão do fluido e a constante de Biot [38].

$$(14)\ \sigma_h = \frac{\nu}{1-\nu}(\sigma_v - \alpha P_w) + \alpha P_w + \frac{E\varepsilon_y}{1-\nu^2} + \frac{\nu\varepsilon_x}{1-\nu^2}$$

A equação (15) que mostra a relação entre as tensões horizontais e verticais é o coeficiente de pressão da terra em equilíbrio, K, que é definido como equação (15). Nesta equação, v é o coeficiente de Poisson [40].

$$(15)\ K = \frac{\sigma_h}{\sigma_v} = \frac{\nu}{1-\nu}$$

3- Tensão horizontal máxima

Ao contrário da tensão horizontal mínima, a determinação da tensão horizontal máxima não é uma tarefa fácil e não existe um método simples para a determinar. Numa condição elástica linear ideal, a tensão horizontal máxima pode ser obtida através do ensaio de fissuração sucessiva; mas, na prática, a pressão de iniciação da fissura pode ser muito variável, o que tem causado a incerteza deste método. Normalmente, a pressão de iniciação da fissura é inferior à pressão prevista pela teoria elástica linear. O método mais comum para determinar a tensão horizontal máxima, na condição de a tensão tangencial máxima ser igual à resistência à compressão uniaxial, é fotografar as partes colapsadas do poço e o gráfico de diâmetros [4, 38]. A tensão horizontal máxima é calculada a partir das tensões in situ através da equação (16):

$$(16)\ \sigma_H = \frac{\nu}{1-\nu}(\sigma_v - \alpha P_w) + \alpha P_w + \frac{E\varepsilon_x}{1-\nu^2} + \frac{\nu\varepsilon_y}{1-\nu^2}$$

Como mostra a figura (5), as fracturas hidráulicas à volta do poço estão normalmente na direção da tensão principal máxima, ou seja, onde a tensão tangencial é de tração.

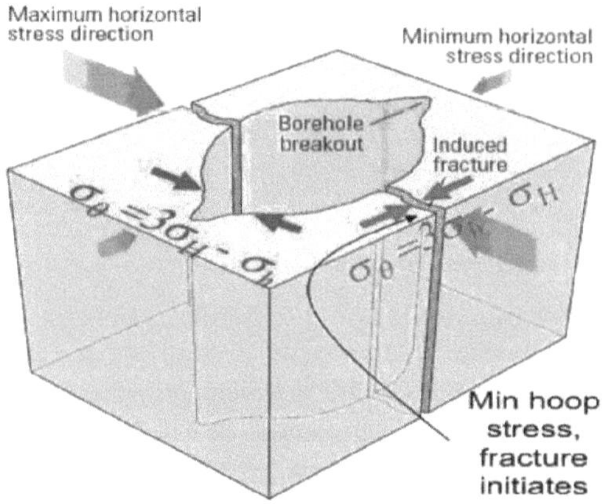

Figura 5. Diferentes tipos de instabilidade em torno da parede do poço

Num poço vertical, a trajetória da fratura hidráulica indica a direção da tensão horizontal máxima. É de notar que a direção da fratura hidráulica criada durante a perfuração pode ser identificada através de diagramas visuais [32].

São considerados três exemplos de condições de falha diferentes para estimar a tensão horizontal máxima. Para condições de falha normal, $(\sigma_v \geq \sigma_H \geq \sigma_h)$ a tensão vertical é a maior tensão, em condições de falha inversa $(\sigma_h \geq \sigma_H \geq \sigma_v)$ a tensão horizontal é a tensão máxima e a tensão vertical é a menor tensão, e em condições de falha de deslizamento, $(\sigma_H \geq \sigma_v \geq \sigma_h)$ a tensão horizontal máxima é a maior tensão principal [38].

Distribuição de tensões em torno da parede do modelo

Durante a operação de perfuração, os fragmentos de rocha são transferidos para a superfície e, uma vez que não é aplicada qualquer força a partir do interior do poço, cria-se uma acumulação de tensões à volta do poço. Esta acumulação de tensões em torno do poço desempenha um papel muito importante na instabilidade [41]. As tensões in situ para um poço desviado são descritas pelas equações (17).

(17)

$$\sigma_x^o = (\sigma_H \cos^2\alpha + \sigma_h \sin^2\alpha)\cos^2 i + \sigma_v \sin^2 i \ ,$$

$$\sigma_y^o = (\sigma_H \sin^2\alpha + \sigma_h \cos^2\alpha) \, ,$$

$$\sigma_z^o = (\sigma_H \cos^2\alpha + \sigma_h \sin^2\alpha)\sin^2 i + \sigma_v \cos^2 i \ ,$$

$$\sigma_{xy}^o = 0.5(\sigma_h - \sigma_H)\sin 2\alpha \cos i$$

$$\sigma_{yz}^o = 0.5(\sigma_h - \sigma_H)\sin 2\alpha \sin i \ ,$$

$$\sigma_{xz}^o = 0.5(\sigma_H \cos^2\alpha + \sigma_h \sin^2\alpha - \sigma_v)\sin 2i$$

que σ_v, σ_H e σ_h respetivamente a tensão vertical, a tensão horizontal máxima e a tensão horizontal mínima, a é o ângulo de desvio da tensão horizontal máxima e i é o ângulo de desvio do poço em relação ao estado vertical, no caso em que o poço é perfurado verticalmente nas equações (17) o tamanho do ângulo i é considerado igual a zero grau [42]. A distribuição total de tensões em torno do poço em coordenadas cilíndricas (r, z, θ) é mostrada na figura (6).

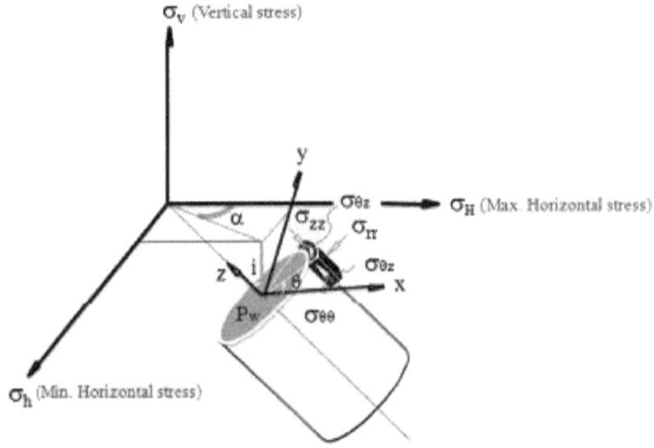

Figura 6. Transferência de tensões num sistema cilíndrico

Toda a distribuição de tensões em torno da parede do poço é obtida através da transferência das equações de tensão das coordenadas cartesianas para coordenadas cilíndricas, que representam as tensões na parede do poço. Para este efeito, as equações de colisão são amplamente utilizadas na engenharia e na mecânica das rochas. A grande importância destas equações deve-se ao facto de se determinar a tensão em torno do poço e de se prestar atenção à estabilidade em cavidades cilíndricas [14, 43].

Um ponto em coordenadas cartesianas (θ ,r, z) próximo de um furo de raio a tem tensões σ_{rr} , $\sigma_{\theta\theta}$, σ_{zz} , $\sigma_{r\theta}$ $\sigma_{\theta z}$; e σ_{rz} - que são definidas como as equações (18).

$$\sigma_{rr} = \left(\frac{\sigma_x^{\circ} + \sigma_y^{\circ}}{2}\right)\left(1 - \frac{a^2}{r^2}\right) + \left(\frac{\sigma_x^{\circ} - \sigma_y^{\circ}}{2}\right)\left(1 + 3\frac{a^4}{r^4} - 4\frac{a^2}{r^2}\right)\cos 2\theta + \sigma_{xy}^{\circ}\left(1 + 3\frac{a^4}{r^4} - 4\frac{a^2}{r^2}\right)\sin 2\theta + P_w\frac{a^2}{r^2}$$

$$\sigma_{\theta\theta} = \left(\frac{\sigma_x^{\circ} + \sigma_y^{\circ}}{2}\right)\left(1 + \frac{a^2}{r^2}\right) - \left(\frac{\sigma_x^{\circ} - \sigma_y^{\circ}}{2}\right)\left(1 + 3\frac{a^4}{r^4}\right)\cos 2\theta - \sigma_{xy}^{\circ}\left(1 + 3\frac{a^4}{r^4}\right)\sin 2\theta - P_w\frac{a^2}{r^2}$$

$$\sigma_{zz} = \sigma_z^{\circ} - \mathrm{v}\left[2(\sigma_x^{\circ} - \sigma_y^{\circ})\frac{a^2}{r^2}\cos 2\theta + 4\sigma_{xy}^{\circ}\frac{a^2}{r^2}\sin 2\theta\right]$$

$$\sigma_{r\theta} = \left[-\left(\frac{\sigma_x^{\circ} + \sigma_y^{\circ}}{2}\right)\left(1 - 3\frac{a^4}{r^4} + 2\frac{a^2}{r^2}\right)\sin 2\theta\right] + \sigma_{xy}^{\circ}\left(1 - 3\frac{a^4}{r^4} + 2\frac{a^2}{r^2}\right)\cos 2\theta$$

$$\sigma_{\theta z} = \left(-\sigma_{xz}^{\circ}\sin\theta + \sigma_{yz}^{\circ}\cos\theta\right)\left(1 + \frac{a^2}{r^2}\right)$$

$$(18)\ \sigma_{rz} = \left(\sigma_{xz}^{\circ}\cos\theta + \sigma_{yz}^{\circ}\sin\theta\right)\left(1 - \frac{a^2}{r^2}\right)$$

Porque a fratura do poço é maioritariamente em torno da sua parede (a = r). Por conseguinte, as equações de distribuição de tensões são reduzidas às tensões efectivas, que incluem a pressão dos poros (P_o) em torno da parede do poço e são definidas como equações (19):

$$\sigma_{rr} = P_w - P_o$$

$$\sigma_{\theta\theta} = \sigma_x^{\circ} + \sigma_y^{\circ} - 2(\sigma_x^{\circ} + \sigma_y^{\circ})\cos 2\theta - 4\sigma_{xy}^{\circ}\sin 2\theta - P_w - P_o$$

$$\sigma_{zz} = \sigma_z^{\circ} - \mathrm{v}[2(\sigma_x^{\circ} - \sigma_y^{\circ})\cos 2\theta + 4\sigma_{xy}^{\circ}\sin 2\theta] - P_o$$

$$\sigma_{r\theta} = 0$$

$$\sigma_{\theta z} = 2(-\sigma_{xz}^{\circ}\sin\theta + \sigma_{yz}^{\circ}\cos\theta)$$

$$(19)\ \sigma_{rz} = 0$$

Nas equações (19), σ_{rr}, $\sigma_{\theta\theta}$ e σ_{zz} são as tensões radial, tangencial e axial, respetivamente, r é a distância ao centro do poço, Pw é a pressão interna do poço ou, por outras palavras, a pressão hidráulica da lama de perfuração, e v é o coeficiente de Poisson.

Tensões em torno da parede de um poço vertical

Numa rocha homogénea, isotrópica e elástica, em que a tensão vertical é paralela ao eixo do poço e também $i=\alpha=0$, , as tensões efectivas em torno do poço vertical são definidas da seguinte forma

$$\sigma_{rr} = P_w - P_o$$
$$\sigma_{\theta\theta} = \sigma_H + \sigma_h - 2(\sigma_H - \sigma_h)\cos 2\theta - P_w - P_o$$
$$\sigma_{zz} = \sigma_v - 2v(\sigma_H - \sigma_h)\cos 2\theta - P_o$$
$$\sigma_{r\theta} = 0$$
$$\sigma_{\theta z} = 0$$
$$(20)\ \sigma_{rz} = 0$$

As tensões radiais e tangenciais na equação (20) são uma função da pressão da lama de perfuração, Pw; por conseguinte, qualquer alteração na pressão da lama de perfuração provoca uma alteração nestas duas tensões. Quando a pressão da lama diminui, a tensão tangencial aumenta e é colocada num estado de compressão, e a tensão radial torna-se menor ou igual à pressão da lama.

Como resultado, a baixa pressão da lama fará com que a parede do poço entre em colapso. Além disso, quando o peso da lama aumenta e, consequentemente, a pressão no interior do poço aumenta, a tensão radial aumenta e leva à criação de tensão de tração que, se a tensão de tração for superior à resistência da parede do poço, surgem fissuras induzidas. Como mencionado nas secções anteriores, estas fendas induzidas são a principal causa da maioria dos erros nas operações de perfuração [44].

Prestar atenção à tensão tangencial e à tensão radial será um método útil e eficaz porque desempenham um papel importante na instabilidade do poço e dependem da dimensão e da direção das tensões, da pressão da lama e das propriedades inerentes aos materiais. Se a dimensão e a distribuição das tensões em torno da parede do poço forem combinadas com caraterísticas mecânicas, térmicas e reológicas, pode ser investigado um vasto processo [32].

Quando a tensão principal máxima excede a resistência efectiva da rocha, ocorrerá uma falha nessa área. Finalmente, colocamos as tensões principais calculadas nos critérios de rotura da rocha para avaliar a estabilidade da parede do poço.

Critérios de falha da pedra

Quando a pressão da lama no interior do poço é diferente da pressão dos poros da formação, pode haver muita tensão à volta do poço. Se esta quantidade de tensão exceder o critério de fratura da rocha, causará uma falha, que se manifestará sob a forma de queda de rocha ou fissura na parede do poço [4].

Este processo está associado a uma deformação permanente e, eventualmente, a uma rutura, o que reduz a resistência da rocha. A rotura da rocha é um dos fenómenos mais importantes na indústria da perfuração, pois está na origem de problemas como a instabilidade do poço e o derrame. Utilizando os critérios de rotura, é possível prever em que condições a rocha é suscetível de falhar [4, 45].

Existem vários métodos para prever a rotura da rocha e a instabilidade da parede do poço. Um dos critérios de rotura mais utilizados é o critério de Mohr-Columb, que é utilizado para estimar a rotura por cisalhamento, e outro critério é o critério de tração, que é utilizado para determinar a rotura por tração. Em geral, a instabilidade do poço é causada por rutura por cisalhamento e rutura por tração [46, 47]. Em seguida, estes dois tipos de falhas serão investigados.

Critério de rutura por cisalhamento e compressão

O critério de rotura é uma fórmula ou relação matemática que exprime o limite último de resistência da rocha, tendo em conta as condições de tensão aplicadas. Com base neste critério, é possível avaliar a estabilidade da rocha e verificar o seu fator de segurança. Cada critério de rotura tem as suas próprias utilizações e limitações. Para além disso, os parâmetros relacionados com cada critério de rotura devem ser obtidos através de ensaios triaxiais convencionais em que duas tensões são iguais $(3\sigma =_2\sigma >_1\sigma)$ ou outros ensaios laboratoriais.

Quando uma amostra de rocha é sujeita a uma grande tensão, a rocha começa a mudar de forma e ocorre a rotura. Isto indica que a rocha é continuamente deformada até se partir. Esta condição é acompanhada por uma diminuição da capacidade da rocha para suportar a carga que lhe é aplicada. Na indústria petrolífera, a rotura de rocha é de grande importância porque está na origem de muitos problemas, tais como a instabilidade do poço, em resultado da qual existe a possibilidade de derrame, encravamento do tubo de perfuração e produção de areia; por conseguinte, o conhecimento de quando e em que condições uma rocha se parte é muito importante [4, 48].

Critério de falha de Mohr-Columb

O critério de Mohr-Columb é um dos critérios de falha mais utilizados para avaliar o colapso de um poço devido à sua simplicidade [4, 49]. O critério de Mohr-Columb pode ser definido com base na tensão de corte e na tensão normal efectiva.

$$(21)\ {}_n\sigma c + = \tau \tan\phi$$

Na equação (21) τ: é a tensão de cisalhamento, σ é a tensão normal, c é a adesão e ϕi é o ângulo de atrito interno da rocha, respetivamente (Figura 7).

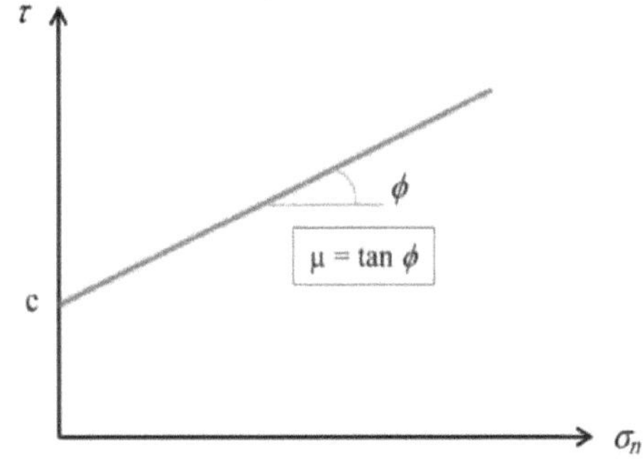

Figura 7. Diagrama de Mohr-Columb baseado em tensões normais e de cisalhamento

O critério de Mohr-Columbus utiliza a resistência à compressão não confinada (UCS) e o ângulo de atrito interno para avaliar a rotura da rocha e pode ser expresso com base na tensão principal máxima (1) e na tensão principal mínima (3)

$$(22)\ {}_3\sigma q + {}_c\sigma = {}_1\sigma$$

Na equação (22), q é um parâmetro dependente do ângulo de atrito interno e ${}_c\sigma$ é a resistência à compressão não confinada da rocha. Os parâmetros q e ${}_c\sigma$ são obtidos através das equações (23) e (24)[15].

$$(23)\ q=\tan^2\left(45+\frac{\phi}{2}\right)=\frac{1+\sin\phi}{1-\sin\phi}$$

$$(24)\ c = 2c\sigma\ \tan\left(45+\frac{\phi}{2}\right)=\frac{2c\cos\phi}{1-\sin\phi}$$

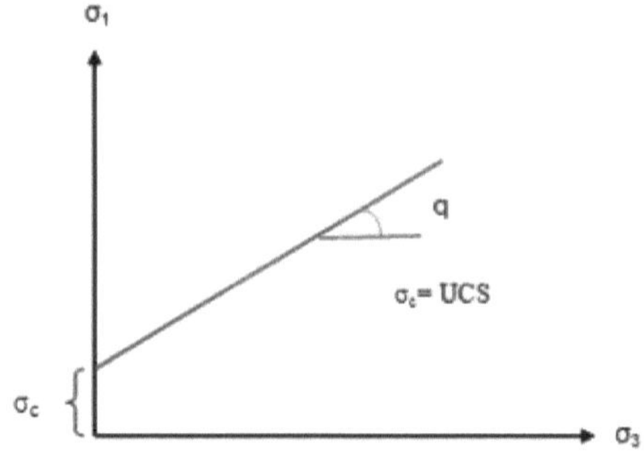

Figura 8. Diagrama de Mohr-Columb baseado nas tensões normais máximas e mínimas

Também é possível expressar o critério de Mohr-Columb com base na tensão de corte máxima, max τ., e na tensão efectiva média, ${}_m\sigma$

$$(25)\ {}_m\sin\phi\ (+ \cos\phi = c\ {}_{max}\tau$$

$${}_3\sigma - {}_1\sigma(\frac{1}{2} = {}_{max}\tau$$

$${}_3\sigma + {}_1\sigma(\frac{1}{2} = {}_m\sigma$$

O critério de Mohr-Columb pode ser reescrito como a equação (26):

$$(26)\ {}_1\sigma - {}_3\sigma q + {}_c\sigma = (F)$$

Considerando o critério de Mohr-Columb, a falha de cisalhamento ocorre quando se torna $0 \leq F$, e, com base nisso, o peso de lama necessário é obtido para evitar a instabilidade do poço em cada um dos casos.

Critério de falha por tração

De acordo com este critério, a rotura por tração em torno da parede do poço ocorre quando a pressão no interior do poço atinge um valor superior ao obtido pela equação seguinte. A falha da parede do poço nesta situação é também designada por fratura hidráulica.

$$(27)\ P_{w,max}^{frac} = P_o + T - {}_h\sigma 2$$

Na equação (27), T é a resistência à tração da rocha e $P_{w,max}^{frac}$, a pressão à qual a parede do poço começa a quebrar. Se a tensão tangencial atingir o estado de tração e se tornar superior à resistência da rocha, ocorrerá a rutura por tração. Este fenómeno pode ser causado por uma pressão elevada no interior do poço ou por uma grande diferença entre as tensões perpendiculares ao eixo do poço [32].

Geralmente, a falha por tração na parede do poço é definida utilizando a tensão principal mínima; por conseguinte, a falha por tração é o limite superior da janela de segurança da lama nas operações de perfuração. Por outras palavras, a rotura por tração ocorre quando a tensão principal mínima efectiva (tensão total menos a pressão dos poros da formação, Po) se torna maior do que a resistência à tração da rocha reservatório, T [3]. Por conseguinte, a rotura ocorrerá nestas condições:

$$(28)\quad T - \leq P_{o3} - \sigma$$

Este critério é utilizado juntamente com o critério de falha por cisalhamento para determinar a janela de segurança da lama de perfuração e para evitar os fenómenos de queda da parede do poço e de derrame de lama. Com base na dimensão das tensões criadas à volta da parede do poço, serão criados diferentes modos de falha à volta do poço.

Tabela 2. Tipos de falha por tração [40]

Figura	Geometria e direção da fratura	Tipo de falha
Tensão tangencial 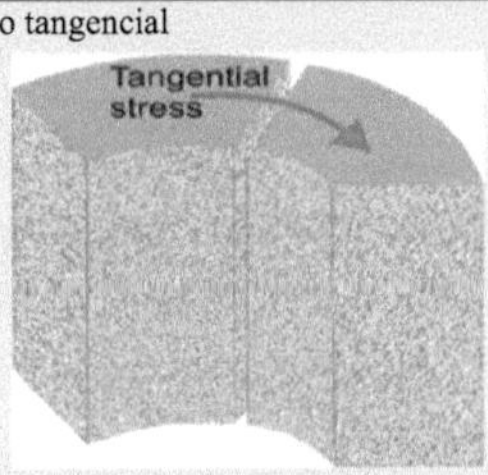	Este tipo de fratura ocorre quando a tensão tangencial é superior à resistência à tração da formação. Neste caso, é criada uma fenda vertical ao longo da tensão horizontal máxima. Este estado é causado pela fracturação hidráulica.	Tração vertical falha $\sigma_{\theta\theta} \leq -T$
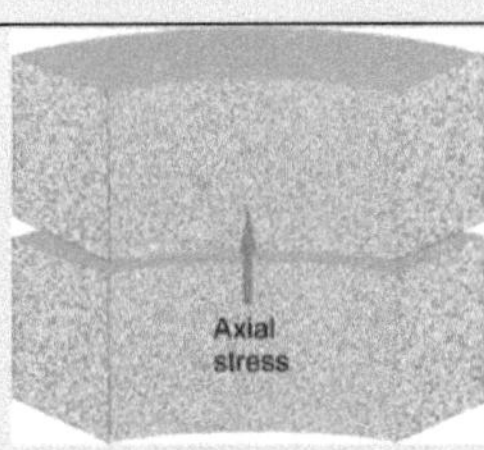 Tensão axial	Este tipo de fratura ocorre quando a tensão axial é superior à resistência à tração da formação. Neste caso, será criada uma fenda horizontal.	Rotura por tração horizontal $\sigma_{zz} \leq -T$
	Este tipo de fratura ocorre quando a tensão radial é maior	Falha de tração cilíndrica

<table>
<tr>
<td>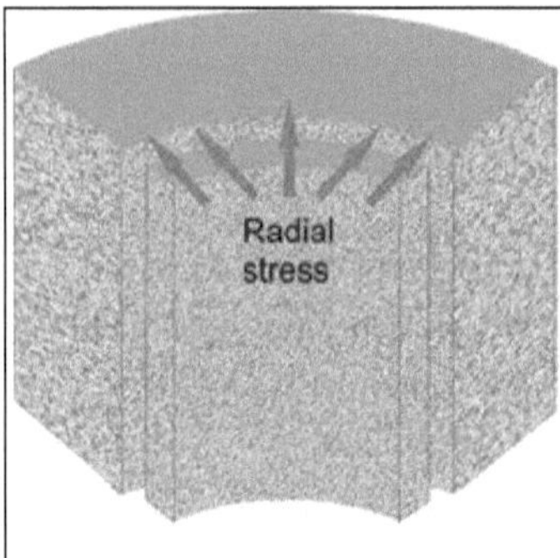

Tensão radial</td>
<td>do que a resistência à tração da formação. Este tipo de falha é concêntrico com o poço e não pode ser visto nas imagens tiradas do poço.</td>
<td>$\sigma_{rr} \leq -T$</td>
</tr>
</table>

Dependendo de qual das tensões à volta do poço é maior do que a resistência à tração da rocha, ocorrerão três tipos de falha de tração, nomeadamente falha de tração vertical, falha de tração horizontal e falha de tração cilíndrica à volta do poço. Finalmente, utilizamos estes critérios de falha juntamente com as caraterísticas da rocha da formação que está a ser perfurada, a pressão dos poros da formação e as tensões in-situ como informação primária e de entrada para avaliar a estabilidade da parede do poço.

Métodos de modelação numérica em geo-mecânica

Os métodos experimentais e teóricos não podem analisar completamente o comportamento das estruturas subterrâneas; por conseguinte, é preferível utilizar métodos numéricos. Os métodos empíricos, com toda a sua conveniência prática, não podem exprimir com exatidão a resolução do problema. Com o avanço da tecnologia, tanto em termos de hardware como de software, ao longo do tempo os investigadores viraram-se para os métodos numéricos. É evidente que quanto mais próximo o modelo construído nos métodos numéricos estiver da realidade e quanto mais parâmetros tiver em conta, mais exacta será a resposta que esperamos dos métodos numéricos.

A principal caraterística dos métodos numéricos é o facto de uma grande estrutura ser dividida em elementos relativamente pequenos. Em seguida, são estabelecidas as equações caraterísticas dos elementos individuais e da sua interação. Finalmente, estas equações, que são grandes em termos de números e figuras, são resolvidas simultaneamente e de forma interactiva utilizando computadores. Os resultados deste método incluem a distribuição de tensões e o padrão de deslocação no interior da estrutura. Os engenheiros de mecânica das rochas classificam os métodos numéricos em dois modelos principais, contínuos e descontínuos, que são apresentados no quadro 3.

Tabela 3. Métodos numéricos em geo-mecânica

Métodos de modelação numérica em geo-mecânica		
Modelo de combinação	Modelo descontínuo	Modelo contínuo

BEM-FEM ou BEM-DEM	Método dos elementos discretos DEM	Método dos elementos de fronteira BEM	Finito Elemento Método MEF	Método das diferenças finitas FDM

O modelo contínuo considera o maciço rochoso semelhante a um único bloco e o modelo descontínuo considera o maciço rochoso semelhante a um conjunto de blocos independentes. O método das diferenças finitas, os elementos finitos e os elementos de fronteira são exemplos de modelos contínuos de análise numérica e o método dos elementos discretos é um exemplo de modelo descontínuo. Na utilização conjunta de métodos numéricos, existem desvantagens e problemas que dificultam o trabalho com eles. Por outro lado, as vantagens destes métodos fazem com que os possíveis erros sejam ignorados. Estes problemas são:

> A impossibilidade de aceder aos parâmetros que exprimem o comportamento natural do maciço rochoso, nomeadamente os parâmetros dinâmicos;

> A complexidade do modelo geométrico da estrutura e do maciço rochoso e a impossibilidade de uma simulação real;

> Problemas relacionados com a determinação das condições de carga e das condições de fronteira para diferentes peças.

As vantagens comuns dos métodos numéricos são

> Em situações em que os métodos analíticos clássicos não respondem ou são difíceis de responder aos problemas, os métodos numéricos fornecem respostas adequadas;

> Os métodos numéricos são mais eficazes na resolução de problemas com geometria complexa;

> Os métodos numéricos cobrem melhor as condições de fronteira complexas;

> Nos métodos numéricos, a influência do fluxo de água subterrânea na análise de estabilidade pode ser facilmente calculada;

> Se os dados de entrada forem corretos e precisos, a resposta da análise é altamente precisa.

De seguida, serão brevemente analisados vários métodos numéricos.

Capítulo III

Investigação de base

Devido ao facto de a lama de perfuração ocorrer durante as operações de perfuração, não existe uma história clara e registada para uma pessoa específica. Devido aos seus elevados custos, a lama tem sido o foco de muitos engenheiros durante muito tempo. Por exemplo, o custo do controlo da contaminação da lama pode atingir os 100.000 dólares para um único poço, mas os avanços recentes reduziram consideravelmente estes valores. A utilização de materiais de controlo de líquidos (LCM) é muito comum, em que são utilizados materiais em cordas, folhas e granulados para fechar as costuras e as passagens de lama na formação. Como foi referido na parte geral da investigação, um dos principais factores é a instabilidade da parede do poço e, consequentemente, as fracturas induzidas, que podem ser evitadas através da previsão da gama de pressão tolerável da formação e da prevenção da sua ocorrência. De seguida, discutiremos os estudos semelhantes a este tópico.

Gol Hasani Morteza et al. (2009), com o objetivo de analisar a influência do ângulo de desvio de poços de petróleo na sua estabilidade, investigaram o fator de inclinação e extensão (azimute) e a tensão no leito em conjunto e o efeito destes factores na quantidade de deslocamentos na parede do poço através do software FLAC, com o critério de rutura de Mohr-Columb. Os resultados da investigação indicam que a perfuração ao longo da tensão horizontal mínima tem sempre menos deslocamentos do que a perfuração na direção da tensão horizontal máxima, mas não é necessariamente o caminho ótimo. Nas condições em que as tensões são hidrostáticas e isotrópicas, o menor deslocamento e o estado mais estável ocorre ao longo de 45 graus. O aumento da inclinação do poço também aumenta a deslocação e a instabilidade.

Quando o regime de tensão é na forma de NF (falha normal), os deslocamentos na parede aumentam à medida que a inclinação aumenta. No entanto, no regime de tensões RF (falha inversa) e SS (falha de ataque), os deslocamentos diminuem à medida que o declive aumenta, e o poço horizontal é mais estável do que o poço vertical. Quando as tensões no solo se tornam desiguais, a simetria do deslocamento em torno do poço muda e, geralmente, a extensão do poço atinge o seu valor mais baixo num ângulo inferior a 45 graus. [1]

Sadr Momtaz et al. (2011), sobre a questão da redução da instabilidade do poço através da alteração das caraterísticas da lama de perfuração num dos campos centrais do Irão, investigaram a estabilidade do poço no campo de gás de Nazbiran através do software FLAC, discutindo as áreas cedidas (zona plástica) para os pesos de diferentes fluidos de perfuração, com base na análise NYZA. A pressão e o peso da lama de perfuração no início do movimento plástico da parede do poço foram obtidos para diferentes formações. Os resultados da modelação mostram que a perfuração com um fluido com um peso de 11 libras por galão reduz o risco de instabilidade da parede do poço. Além disso, a análise da estabilidade da parede do poço nas secções vertical e horizontal foi realizada com o peso do fluido de perfuração obtido. Esta análise mostrou que a estabilidade do poço ao longo da perfuração vertical é superior à da perfuração horizontal. Existe uma possibilidade de perfuração horizontal na Formação Shorije D com o aumento do peso da lama, enquanto a possibilidade de perfuração horizontal na Formação Shorije B é baixa. [2]

Maleki Cheshme Mentesh et al. (2012) sobre o tema dos parâmetros geo-mecânicos das rochas e a sua relação com os registos de poços para avaliar a estabilidade dos poços de petróleo, o principal objetivo é determinar os parâmetros geo-mecânicos das rochas reservatório através dos registos de poços para investigar o efeito destes parâmetros na estabilidade das paredes dos poços durante o processo de perfuração. Para realizar o presente estudo, foram utilizados registos de poços e informações de perfuração de vários poços perfurados no campo de Darkhoin. Além disso, a direção das tensões no solo foi determinada pelo gravador de imagens FMS e pelo paquímetro. Em seguida, as tensões tangenciais, radiais e axiais nas paredes dos poços de perfuração foram determinadas por relações de Kerch e, utilizando três critérios de falha, Mohr-Columb, Hooke-Brown e Mogy-Columb, foi proposta a janela óptima de peso de lama para a estabilidade da parede do poço. Estes resultados foram confirmados através das fracturas de cisalhamento observadas no gráfico de calibres e nos relatórios de perfuração. O resultado do estudo mostra que, entre os três critérios de falha utilizados, o critério de Mogy-Columb foi capaz de fornecer resultados mais aceitáveis do que os outros dois critérios de falha na avaliação da estabilidade das paredes do poço. [3]

Taherdang Ko et al. (2014) investigaram o estudo de um dos poços localizados no campo de Maron (sudoeste do Irão) no que diz respeito à análise da estabilidade da parede do poço de acordo com as considerações da mecânica das rochas (sudoeste do Irão). A estabilidade do poço é uma das considerações mais importantes em qualquer operação de perfuração. A instabilidade do poço é uma das principais causas de falhas na parede do poço e cria graves problemas na indústria da perfuração. O facto de não se analisar com precisão a estabilidade do poço pode causar muitos problemas, como o colapso do poço, falhas, tubos e brocas presos, e tudo isto causa custos adicionais e desperdício de dinheiro e tempo, sendo que estes custos adicionais se situam entre 10 e 15 por cento. O custo da perfuração do poço foi estimado.

De um ponto de vista mecânico, os factores mais importantes que afectam a estabilidade do poço são as tensões in situ, o peso da lama e as propriedades da rocha. Durante a perfuração, existem dois problemas principais de instabilidade, que são o colapso da parede do poço e a fratura da parede do poço. A fim de investigar e prever os problemas de estabilidade da parede do poço, foi criado um modelo geo-mecânico do poço pretendido e foi previsto o tipo de fratura que ocorre na parede do poço, tendo sido depois determinada a gama segura e estável do peso da lama de perfuração. [4]

Bazyar et al. (2014) com o tema de fazer fluido de polímero e investigar o seu efeito sobre o grau de estabilização de xistos e as propriedades de fluxo de fluido de perfuração, irá rever a formulação concebida na empresa nacional e tentar alterar a ordem de adição de aditivos para aumentar a eficiência. A lama no controlo e redução do inchaço do xisto e, de facto, esta formulação foi optimizada. Para o efeito, foram produzidos vinte e dois fluidos poliméricos com a mesma formulação, em que a ordem de adição dos ingredientes foi diferente. Foi também desenvolvida uma lama de base oleosa como fluido com desempenho ideal no controlo do xisto.

Após a preparação dos fluidos, as suas caraterísticas de fluxo foram medidas e, com a ajuda de um medidor de inchamento, o gráfico do inchamento do xisto com a passagem do tempo em interação com cada um destes fluidos foi preparado e comparado. Nesta investigação, foram utilizadas pastilhas de bentonite comprimida em vez da amostra chilena. No final, depois de modificar a formulação inicial, foi proposta uma formulação óptima para a lama de perfuração polimérica. [5]

Malaei et al. (2016) investigaram a análise da estabilidade da parede do poço no método de perfuração de subequilíbrio através de um método numérico num dos campos petrolíferos do sudoeste do Irão através de um método numérico e utilizando o software FLAC3D. Para analisar a estabilidade do poço estudado, diferentes estados de pressão de lama foram aplicados ao modelo e, posteriormente, a superfície da região plástica da parede do poço foi calculada em cada um dos estados. Além disso, a janela de segurança da lama de perfuração para o poço estudado nesta investigação foi determinada de modo a que o limite inferior desta janela fosse 21,4 MPa e o limite superior fosse calculado como 57 MPa. Obviamente, a perfuração segura deve ser efectuada neste intervalo. Finalmente, vale a pena mencionar que a comparação dos resultados obtidos mostra que a pressão da lama de 4,21Mpa é o limite de estabilidade do poço no referido campo e uma vez que a pressão dos poros neste poço é de 88,88Mpa e a condição de utilização de perfuração de subequilíbrio é que a pressão da lama de perfuração deve ser inferior à pressão dos poros, este poço tem as condições de perfuração de subequilíbrio. [6]

Wiprut et al. (2010) acreditam que a direção e a magnitude da maior tensão horizontal são eficazes na criação e orientação de fracturas de tração induzidas na parede do poço. Em alguns casos, a tensão mencionada causou mesmo fracturas do tipo explosão na perfuração. Começaram a inventar um método para analisar os dados relacionados com as tensões nos campos petrolíferos, a que chamaram sistema de classificação da qualidade. Este método foi definido para classificar os dados relacionados com a direção das tensões. O sistema de classificação da qualidade estabeleceu uma escala de qualidade para medir a validade dos dados relacionados com as tensões, ou seja, quais das tensões diferenciais e em que direção são representativas das tensões do campo petrolífero, a fim de determinar o caminho e a pressão adequados do fluido de perfuração. [2] Como resultado dos seus estudos, Dupriest et al. (2013) afirmaram o método da tensão de fecho da fratura (FCS) que neste método de estabilização da parede do poço, concentrando-se na abertura máxima da fratura e mantendo a largura, enchendo a fratura com materiais de reforço do poço sem criar uma fratura As induções aumentaram a gama de peso da lama, neste método o tamanho das partículas não é importante. [3]

De acordo com a investigação de Al-Ajmi et al. (2014), a instabilidade da parede do poço pode ser prevista através de uma análise de fratura por compressão, juntamente com um modelo estrutural para as tensões em torno do poço, que pode ser utilizado para prever a pressão de lama ideal e evitar falhas. A parede do poço impediu o derrame. [4]

Van Oort et al. (2015) afirmaram que a resistência à propagação da fratura é expressa com base no contacto de pressão na ponta da fratura, que é o mesmo mecanismo de impulso na propagação da fratura, e isto é definido como a expansão da margem de perfuração com base no isolamento da ponta da fratura. [5]

Capítulo IV

Método

Introdução

O objetivo da análise da estabilidade da parede do poço é verificar a possível falha ou colapso do poço, que é verificado através do cálculo da distribuição de tensões em torno do poço e comparando-o com o critério de falha da rocha [1]. Para identificar os problemas causados pela instabilidade do poço, especialmente o fluxo de lama devido à instabilidade da parede do poço, devem ser conhecidos os factores que afectam a estabilidade do poço, que iremos investigar mais adiante. Devido às pressões de sobrecarga e aos processos tectónicos, os reservatórios de petróleo estão sempre sob tensões in situ. Quando um poço é perfurado, os detritos extraídos devem ser substituídos por um fluido pressurizado para cobrir a parede do poço e evitar o seu colapso. Devido ao facto de a pressão da lama no interior do poço não poder corresponder exatamente às tensões criadas, a situação de tensão à volta do poço altera-se, o que se designa por acumulação de tensões. É muito importante ter em conta esta acumulação de tensões, porque provoca a instabilidade do poço e, depois disso, tem muitos problemas operacionais, tais como derrames e fugas [4]. O método utilizado neste estudo é o laboratorial e a determinação do equilíbrio e da cinética relacionada à absorção do surfactante natural nas amostras estudadas e utilizando o Excel, também foram investigados os resultados da dose de adsorvente na densidade de absorção através do experimento. Além disso, a cinética de adsorção foi realizada praticamente em condições atmosféricas, observando a adsorção dos tensioactivos naturais em função do tempo. Neste capítulo, descreve-se a estabilidade do poço e as relações e equações básicas necessárias para a análise da estabilidade do poço. Em seguida, são apresentados os métodos numéricos aplicados em problemas de geo-mecânica, bem como as vantagens e desvantagens de cada um deles e, no final, é feita uma revisão do software Fleck.

Análise da estabilidade da parede do poço utilizando o método das diferenças finitas no software Fleck Especificações do software Fleck

O software Fleck é um dos produtos da Itasca Consulting Engineers. Esta empresa foi criada em 1981 pelos membros do corpo docente do Departamento de Engenharia Civil e de Minas da Universidade de Minnesota para prestar serviços de mecânica dos solos e das rochas, modelação numérica de ambientes geotécnicos e espaços subterrâneos.

O software Fleck é um programa de diferenças finitas utilizado para cálculos de engenharia. Este programa modela bem o comportamento de estruturas em que o solo, a rocha ou outros materiais podem atingir o estado plástico após o limite de elasticidade. Entre as caraterísticas dignas de nota do software Flak, podem ser mencionadas as seguintes.

> A capacidade de modelar elementos de interface através dos quais é possível simular com precisão placas deslizantes, juntas, camadas de solo e a interação entre o

solo e a estrutura;

> Modelos analíticos de deformação plana, tensão plana e simetria axial;

> Capacidade de modelar o fluxo de água subterrânea e a consolidação do solo;

> Capacidade de modelação de elementos estruturais para simular amortecedores de túneis, sistemas de pregagens, cavilhas de rocha, estacas, microestacas, etc;

> A capacidade da análise dinâmica de problemas geotécnicos para modelar cargas harmónicas, cargas sísmicas e de explosão;

> Capacidade de modelação viscoelástica e viscoplástica (fluência);

> A capacidade de modelação térmica, bem como a modelação combinada de modelos térmicos, tensão mecânica e pressão da água dos poros;

> Capacidade de modelar escoamentos bifásicos para simular escoamentos bifásicos em meios porosos;

> A capacidade de adicionar modelos que são escritos utilizando a linguagem de programação C++.

Neste método, as equações do movimento são primeiro utilizadas para derivar novas velocidades e deslocamentos devido à aplicação de tensões e forças. Em seguida, as taxas de deformação são calculadas a partir dos valores de velocidade e os novos valores de tensão são obtidos a partir das novas taxas de deformação. Nesta etapa, os valores de velocidade permanecem constantes. Por outras palavras, as tensões calculadas no passo mais recente não afectam os valores da velocidade. Este procedimento pode parecer ilógico, porque se os valores de tensão se alterarem em qualquer região, a alteração de tensão afecta as regiões adjacentes e altera os seus valores de velocidade. No entanto, se os passos de tempo de cálculo forem suficientemente pequenos, os resultados obtidos numa área num intervalo de tempo pequeno não afectarão as áreas adjacentes. Assim, como seria de esperar, só após algumas fases de análise é que as alterações ambientais se propagarão a todos os elementos do modelo.

Modelação

Ao atribuir a grelha, a geometria do ambiente pode ser introduzida no software. O modelo comportamental e os materiais introduzidos no modelo determinam como o modelo funciona sob deformações. Finalmente, as condições iniciais e de fronteira introduzem o estado do ambiente simulado in situ. Após a aplicação destas especificações, o modelo é analisado para atingir o estado de equilíbrio inicial. Após esta fase, aplicam-se as alterações necessárias, tais como perfurações, picagens ou alterações no estaleiro, e examina-se a forma como o modelo funciona sob estas alterações [52]. Para utilizar o programa e executar a simulação, devem ser identificados três componentes principais, que são:

❖ Rede de diferenças finitas;

❖ Comportamento estrutural e propriedades dos materiais (formação);

❖ Condições de fronteira e iniciais.

Para efetuar a análise, primeiro define-se a geometria do problema utilizando a rede. Após este passo, é altura de definir o modelo comportamental e aplicar as propriedades dos materiais. Nos passos seguintes, são aplicadas as condições de fronteira e iniciais. Neste caso, o modelo deve atingir o equilíbrio sob as condições existentes, e depois disso é a vez de aplicar novas condições, que é a perfuração de um poço. Os parâmetros mecânicos da rocha que são fornecidos ao software Fleck para analisar a estabilidade da parede à volta do poço são: Módulo de elasticidade, coeficiente de Poisson, força de adesão, ângulo de fricção, nível de tensão das camadas de sobrecarga, tensões horizontais máximas e mínimas, parâmetros petrofísicos da rocha, como porosidade e permeabilidade, e a pressão causada pela coluna de lama de perfuração dentro do poço.

Entre outros parâmetros que têm de ser fornecidos ao software Fleck para simular a estabilidade da parede à volta do poço, a pressão dos poros da formação que está a ser perfurada. Finalmente, após a resolução, o resultado deste software inclui tensões na direção dos eixos X-Y, deslocamentos à volta do poço, blocos cedidos ou zona plástica à volta da parede do poço, tensões principais máximas e mínimas, factores de segurança e outros parâmetros necessários.

Finalmente, considerando a estabilidade ou instabilidade da parede que envolve o poço, é possível distinguir a profundidade e a formação da formação desejada.

Definição da geometria do modelo

O primeiro passo para a modelação é determinar as dimensões do modelo. A geometria do modelo é apresentada na figura (9).

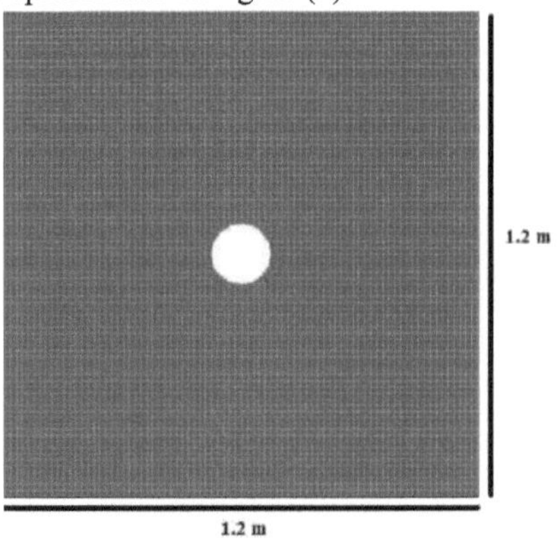

Figura 9. Geometria do modelo pretendido para a análise da estabilidade do poço

Considerando o comportamento elastoplástico da rocha, para reduzir o efeito da fronteira do modelo nos resultados, consideramos que a fronteira do modelo é aproximadamente 10 vezes o raio do poço. Existe um poço com um diâmetro de 16,8 polegadas no centro do modelo, de acordo com o seu raio, consideramos as dimensões do modelo como sendo 2,1 x 1,2 metros no software Fleck.

A malha do modelo desejado tem 120 x 120 áreas quadradas e inclui 14400 zonas quadradas com dimensões de 1 x 1cm. O segundo passo para a modelação é a escolha de um modelo comportamental adequado e a aplicação das propriedades dos materiais.

Neste modelo, devido à elevada resistência à compressão da rocha integrada na formação em comparação com a sua resistência à tração, à elevada precisão do critério, à disponibilidade dos coeficientes necessários do critério e às respostas próximas da realidade, o critério de Mohr-Columbus é utilizado para estudar o comportamento da rocha e determinar a tensão em torno do poço.

Condições de fronteira e iniciais

As condições de fronteira aplicadas ao modelo são apresentadas nas figuras (10 e 11).

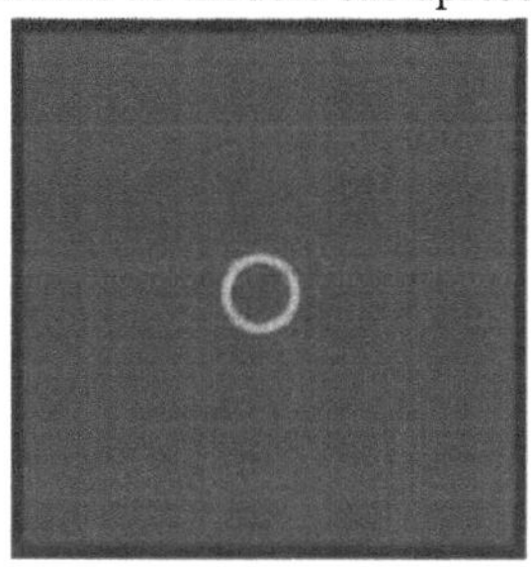

Figura 10. Fixação dos limites do modelo nas direcções X e Y

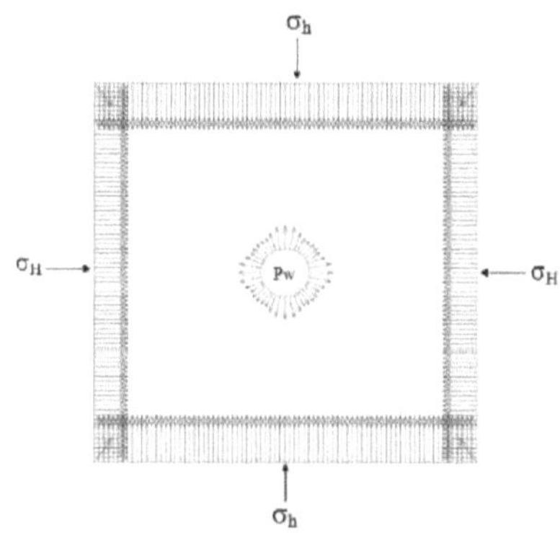

Figura 11. Condições de fronteira aplicadas ao modelo

Como se pode ver na figura (10), para atingir o equilíbrio inicial (Anexo A) no modelo criado, fixamos os limites do modelo, ou seja, o deslocamento na direção dos eixos X e Y é igual a zero nos limites do modelo. Desta forma, as variações de velocidade serão nulas nos limites do modelo.

Como mostra a figura (11), foi utilizado um plano horizontal bidimensional, perpendicular ao eixo do poço, para verificar a estabilidade da parede do poço durante a operação de perfuração. A tensão vertical na profundidade de 3190 metros é igual a 81 mega Pascal's, que é aplicada ao longo do eixo do poço. Nos limites do modelo, a tensão horizontal máxima, H, é igual a 60MPa, que se situa ao longo do eixo X, e a tensão horizontal mínima, h, é igual a 57MPa, que se situa ao longo do eixo Y.

A parede interior do poço modelado com um diâmetro de 16,8 polegadas está exposta à pressão hidrostática interna Pw da lama de perfuração com um peso de 11,9 libras por galão (PPG).

Por fim, após a modelação e a resolução, o resultado do software inclui o deslocamento, os blocos são a área de cedência ou plástica, bem como o revestimento de resistência da rocha à volta da parede do poço, que falhará se o revestimento de falha se partir devido à pressão ou ao peso elevado da lama de perfuração da parede do poço, o que resultará na destruição da lama de perfuração. Além disso, ao utilizar este software, as principais tensões mínimas e máximas e outros parâmetros necessários também podem ser examinados.

Introdução do domínio

O campo petrolífero de Esfandiar, com dimensões de 32 x 74 km, é um dos valiosos campos petrolíferos do Irão, que tem um reservatório comum com a Arábia Saudita, sendo a sua parte árabe designada por Campo Pérola. Em termos de área, 23% deste campo está localizado em águas iranianas. Este campo está situado 95 km a sudoeste da ilha de Khark, nas águas do Golfo Pérsico. O campo de Esfandiar foi descoberto em 1345 pela AIPAC em Taghdis Esfandiar, que possui 532 milhões de barris de petróleo bruto leve in situ.

O petróleo deste campo tem um grau de leveza de API 30, o que torna este campo mais importante. O desenvolvimento e a exploração deste campo na Arábia Saudita tiveram início em 1988, mas não foi produzido qualquer petróleo a partir deste valioso campo no Irão. Se o desenvolvimento do campo petrolífero de Esfandiar, que está sob a supervisão da empresa petrolífera da plataforma continental do Irão, for posto em funcionamento na primavera de 2007 com uma capacidade de produção de 4 mil barris por dia, de acordo com o plano inicial, tendo em conta o preço médio do petróleo nos últimos anos, até 2014, o país obterá um rendimento igual a pelo menos mil milhões de dólares.

O elevado grau API do petróleo do campo, um reservatório conjunto com a Arábia Saudita e outras condições especiais deste campo fazem do campo petrolífero de Esfandiar uma prioridade para o desenvolvimento.

Formações escavadas no terreno

A rocha reservatório do campo petrolífero de Esfandiar é a formação Gadwan. O campo de Esfandiar tem uma cobertura de calcário pertencente à formação Darian do grupo Khami. Além disso, nalgumas partes do reservatório, as camadas de xisto da formação Gadvan são consideradas como a principal rocha de cobertura do reservatório, e as camadas de calcário de Darian são a cobertura secundária. Para produzir a partir deste reservatório, as camadas superiores são escavadas por baixo. As caraterísticas de cada uma destas formações são examinadas de seguida.

1. **Formação Bakhtiari (BK):** Consiste em sedimentos aluviais e de sopé resultantes da erosão das terras altas, que são maioritariamente conglomerados e arenitos calcários, que foram depositados por vezes na mesma encosta e por vezes na encosta oposta a formações mais antigas. A secção de amostragem desta formação no norte de Masjid Suleiman (Godar Lander) inclui 550 metros de conglomerado com pedaços de seixo, cascalho e areia de diferentes idades cimentados com calcite e argila de grão

grosso. A formação Bakhtiari é considerada a formação mais jovem depositada na bacia do Golfo Pérsico de Zagros, com idade Pliocénica. Na bacia do Golfo Pérsico, esta formação tem uma espessura de 96 a 380 metros. O conglomerado Bakhtiari é normalmente perfurado com água pura sem a utilização de bentonato e outros aditivos e materiais de aumento de peso. Durante a perfuração nestas camadas, as partículas naturais inactivas entram na lama e o peso da lama aumenta à medida que a profundidade de escavação aumenta. A perfuração da Formação Bakhtiari termina normalmente sem quaisquer problemas de perfuração.

2. Formação Aghajari (AJ): Consiste em arenitos calcários cinzentos-castanhos, veios de giz, margas vermelhas e siltitos de idade Pliocénica-Miocénica, e a Formação Bakhtiari está colocada no topo com um declive angular. A espessura da formação Aghajari varia entre 90 e 110 metros. Devido à perfuração de camadas de marga, as caraterísticas da lama mudam em comparação com o estado inicial, e a mais importante delas é o aumento da viscosidade plástica e também o aumento do ponto de rendimento, que pode ser resolvido diluindo ligeiramente e aumentando os compostos de fosfato.

3. Formação Razak: Esta formação de idade Miocénica consiste em margas vermelhas, siltes vermelhos a verdes e cinzentos e siltes calcários e tem uma espessura variável de 168 a 320 metros. O calcanhar do tubo de parede superficial é colocado na base desta camada e, após a cimentação inicial, a perfuração continua com o aumento do peso da lama.

4. Formação Pabde: É constituída por marga, calcário e xisto e pertence aos períodos Cretáceo Superior e Paleocénico. As línguas calcárias desta formação são conhecidas como a parte calcária de Tele Zang. A espessura da formação varia entre 100 e 350 metros. Devido à presença de camadas de xisto nesta formação, se utilizarmos lama de base azul doce, teremos o fenómeno de inchaço do xisto, o estreitamento da cavidade do poço e a possibilidade de o tubo de perfuração ficar preso.

5. Formação Jahrom (Ja): Esta formação de idade Eocénica inclui dolomite e calcários dolomíticos e tem uma espessura variável entre 84 e 174 metros. Devido à elevada força e resistência da rocha de formação, a perfuração continua bem.

6. Formação Sachun: É constituída por unidades carbonatadas-evaporíticas e siliciosas de idade paleocénica. A espessura da formação é de cerca de 301 metros. Nas zonas calcárias e salgadas, as caraterísticas da lama alteram-se ligeiramente, o que pode ser melhorado através da adição de aditivos adequados.

7. Formação Tabor: Esta formação é do Cretáceo Superior e consiste em rochas carbonatadas e clásticas, incluindo calcário de camadas grossas a finas, marga, arenito calcário e arenito. A formação tem uma espessura entre 43 e 162 metros. Devido à existência de lentes de arenito contendo água salgada que estão presas em camadas espessas de calcário e têm pressões anormalmente elevadas, são utilizadas lamas pesadas feitas com barita, hematita e galena para evitar que o poço entre em erupção. A sapata do primeiro tubo de parede média é colocada na base da formação Tabor e, após a cimentação inicial, inicia-se a perfuração da formação Grupi.

8. Formação Grupi: É constituída por margas, calcários e xistos e pertence ao período Cretácico Superior ao Paleocénico. Tem uma espessura entre 130 e 180 metros. Nas camadas de marga, as caraterísticas da lama em termos de peso e viscosidade são afectadas. A lama saturada é utilizada para evitar o inchaço do xisto e os problemas causados por este.

9. Formação Ilam: Inclui calcários de camada cinzenta média a espessa da idade do Cretáceo Superior. A espessura da formação atinge cerca de 165 metros. A perfuração nesta formação resultará em fugas de lama devido à porosidade e permeabilidade relativamente elevadas.

10. Formação Seruk: Inclui calcários e calcários dolomitizados. Pertence ao período Cretáceo Médio e tem uma espessura variável de 230 a 320metros. Nas partes dolomitizadas, devido à elevada porosidade e permeabilidade, teremos algum desperdício, que é compensado pela utilização de lamas de reserva.

11. Formação Kazhdami: Em termos de litologia, esta formação é constituída por xistos cinzentos escuros e por vezes pretos com betume e cal argilosa. A Formação Kazhdami pertence ao período Cretáceo Médio e a sua espessura é de aproximadamente 220 metros. A Formação Kazhdami serve de rocha de origem para as formações superiores do reservatório. Devido à perfuração de xisto e argila nesta formação e à introdução de troncos de perfuração na lama, há alterações nas propriedades reológicas do fluido de perfuração, que são controladas pela utilização de peneiras vibratórias com malhas apropriadas e aditivos adequados, como a lignite.

12. Ancestral da Formação Dariana: Esta formação é de idade Cretácea Inferior e é constituída por calcário e tem uma espessura aproximada de 225 metros. O segundo talão parietal medial foi colocado na base desta camada. A formação Dariana actua como rocha de cobertura para a formação do reservatório de Gadwan no campo de Esfandiar.

13. Formação Gadwan: É composta por arenito, dolomite e rochas calcárias carbonatadas do Cretáceo Inferior (Barmiano-Apsiano). A Formação Gadwan tem uma espessura variável entre 20 e 180 metros. Esta formação desempenha o papel de rocha de reserva no campo petrolífero de Esfandiar. O peso médio desta formação calcária é igual a 2560 kg/m^3 . A Formação Gadwan tem uma porosidade média a boa (10-15%) e uma permeabilidade de 8,5mD. A pressão dos poros resultante do fluido de formação, que é principalmente petróleo com uma leveza API de 22,5, é igual a 4380 libras por polegada quadrada.

Caraterísticas da formação

Para prever a pressão de lama necessária, bem como a janela de segurança do peso da lama de perfuração para evitar a instabilidade e o excesso do fluido de perfuração, o poço é simulado e são efectuadas as análises necessárias. Para realizar essa análise, é necessário coletar dados como: Módulo de Young, rácio de Poisson, pressão dos poros através de gráficos e análises de núcleo em laboratório, de forma a calcular todos os parâmetros necessários.

Foi efectuado um estudo de campo sobre a formação carbonatada perfurada no campo petrolífero de Esfandiar (Formação Gadwan), a camada de carbonato calcário a uma profundidade de 3190 metros com lama de perfuração com um peso de 11,9 libras por galão foi perfurada com êxito e não foram apresentados quaisquer relatórios de instabilidade da parede ou de algo invulgar. Os dados relevantes, incluindo tensões de campo, pressão dos poros da formação e propriedades das rochas e dos fluidos utilizados nesta investigação, são apresentados na tabela (4).

Tabela 4. Dados da formação calcária para análise da estabilidade do poço

Montantes	Parâmetros	
3190m	Profundidade da análise	Bem caraterísticas
61.8rn	O diâmetro do poço	
41MPa	Pressão da lama	
34,5MPa	Pressão dos poros	Propriedades mecânicas das rochas e dos fluidos dos reservatórios
80MPa	Tensão à cabeça	
60MPa	Tensão horizontal máxima	
57MPa	Tensão horizontal mínima	
0.31	Rácio de Poisson	
35-40graus	Ângulo de atrito interno	
4MPa	Aderência	
11GPa	Módulo a granel	
16,5GPa	Módulo de cisalhamento	
2,56g/cm^3	Densidade da rocha	
29.04API	Densidade do óleo	
630MPa	Módulo de granel de petróleo	
8,5 md	Transparência	
10-15	Porosidade	

Capítulo V

Resultados

Introdução

Para avaliar a análise neste estudo, a análise da estabilidade da parede do poço é a investigação da falha ou do possível colapso do poço, que é verificada através do cálculo da distribuição de tensões à volta do poço e comparando-a com o critério de falha da rocha. Para identificar os problemas causados pela instabilidade do poço, especialmente o derrame de lama devido à instabilidade da parede do poço, devem ser conhecidos os factores que afectam a estabilidade do poço, que iremos investigar mais adiante. Devido às pressões de sobrecarga e aos processos tectónicos, os reservatórios de petróleo estão sempre sob tensões in situ. Quando um poço é perfurado, as aparas ejectadas têm de ser substituídas por um fluido pressurizado para cobrir a parede do poço e evitar o seu colapso. Devido ao facto de a pressão da lama no interior do poço não poder corresponder exatamente às tensões criadas, a situação de tensão à volta do poço altera-se, o que se designa por acumulação de tensões.

É muito importante ter em conta esta acumulação de tensão porque provoca a instabilidade do poço e, depois disso, tem muitos problemas operacionais, tais como derrames e salpicos. Neste capítulo, são discutidos e investigados os resultados obtidos a partir da modelação por diferenças finitas no software Fleck para prever a estabilidade e como resultado da lama de perfuração num poço localizado no campo petrolífero de Esfandiar, no Irão. Em seguida, são investigados os efeitos da direção de perfuração do poço em perfuração horizontal, do tipo de formação, da porosidade e da pressão dos poros do fluido de formação na estabilidade da parede do poço e na janela de segurança do peso da lama de perfuração.

Em geral, utilizando o modelo efectuado no capítulo anterior e resolvendo este modelo, pode ser fornecida uma estimativa do comportamento do poço durante a operação de perfuração. Parâmetros como o deslocamento, as tensões, a zona plástica, o fator de segurança e a cobertura de fratura da formação rochosa são muito importantes e necessários para prever a estabilidade da parede do poço durante a perfuração.

Cálculo da pressão óptima e da janela de segurança do peso da lama de perfuração

As figuras (12 e 13) mostram a distribuição das tensões principais mínimas e máximas no caso em que a pressão devida ao peso da lama é de 41mega Pascal e aproximadamente 5950 libras por polegada quadrada (psi).

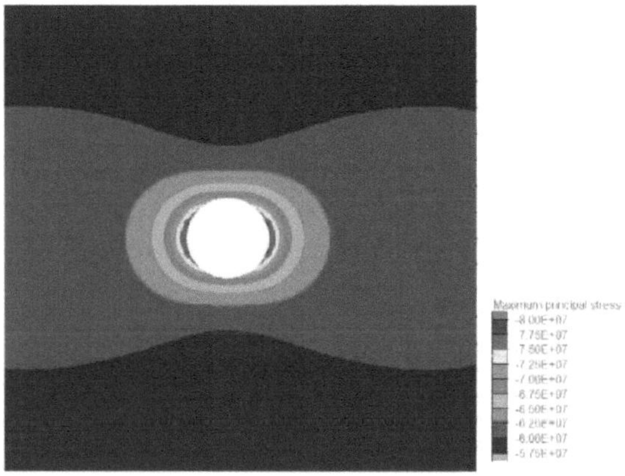

Figura 12. Distribuição da tensão principal máxima na parede do poço com um peso de lama de 11,8 libras por galão

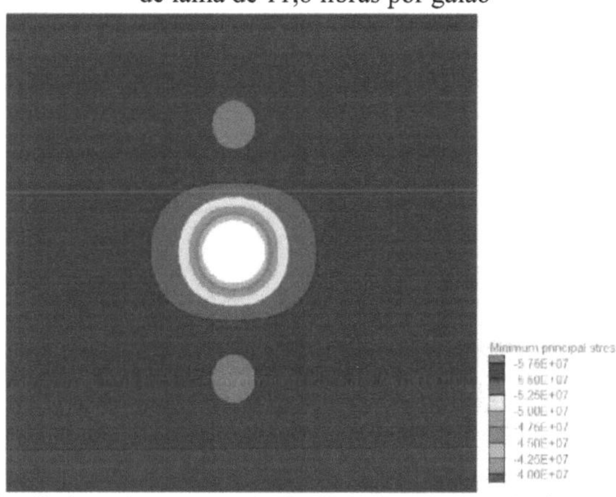

Figura 13. Distribuição da tensão principal mínima na parede do poço com um peso de lama de 11,8 lb/gal

Esta quantidade de peso de lama a uma profundidade de 3190 metros exerce uma pressão adicional de cerca de 200 libras por polegada quadrada na parede do poço, em comparação com a pressão dos poros da formação. A pressão causada pela coluna de lama de perfuração pode ser registada como uma pressão normal na parede do poço no software Fleck. Como pode ser visto na figura (12), após a perfuração do poço pelo método de equilíbrio acima, a tensão principal máxima na parede do poço é muito maior do que a tensão inicial in situ, ou seja, aumenta para 77,5 mega Pascal's. Como mostra a figura (13), a tensão mínima é reduzida e atinge a pressão equivalente do fluido de perfuração no interior do poço. Estas alterações de tensão, se forem superiores à resistência da rocha, provocam um comportamento plástico num pequeno volume de rocha, o que indicia instabilidade ou falha nesse mesmo volume.

O deslocamento da parede do poço após a perfuração é um fator muito importante na estabilidade ou falta de estabilidade da parede do poço. A Figura (14) mostra a quantidade de deslocamento da parede do poço após a perfuração com lama pesando 35,8 libras por galão.

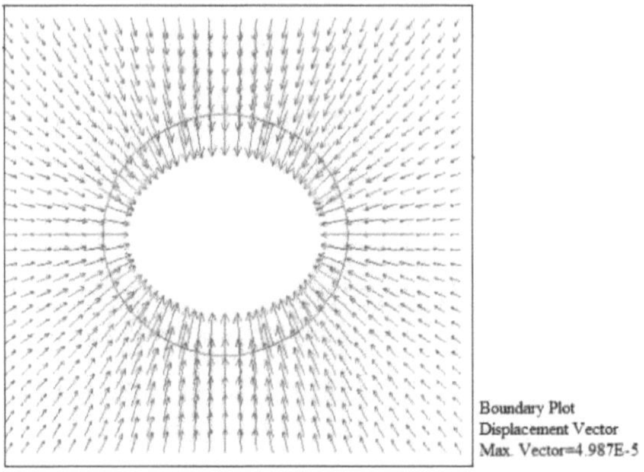

Figura 14. Como mover a parede do poço após a perfuração do poço com um peso de lama de

11,9 libras por galão

De acordo com esta figura, a quantidade máxima de deslocamento na parede do poço é igual a 0,049 mm. Devido ao facto de, à profundidade de 3190 metros, o campo de tensões estar próximo um do outro, a quantidade de deslocamento na direção do eixo Y é ligeiramente superior à quantidade de deslocamento na direção do eixo X. Nas Figuras (15 e 16), os deslocamentos são mostrados separadamente ao longo dos eixos X e Y, respetivamente.

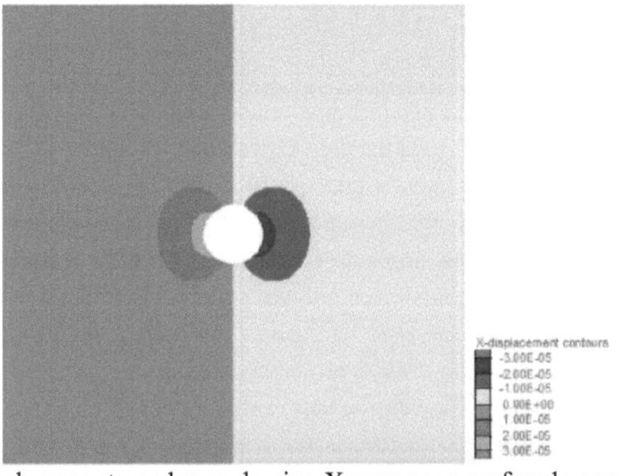

Figura 15 Deslocamento ao longo do eixo X num poço perfurado com um peso de lama de 11,9 libras por galão

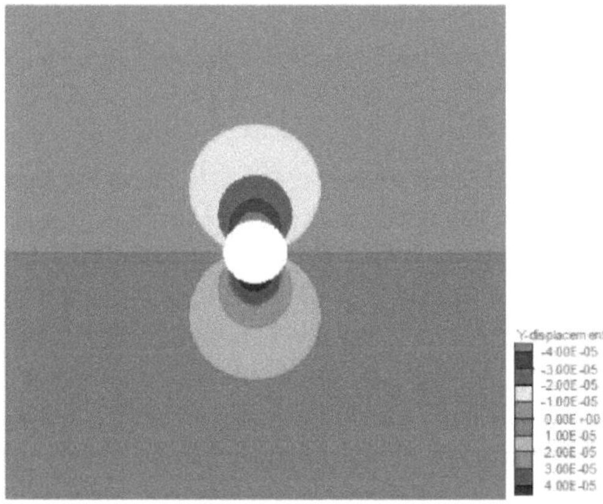

Figura 16. Deslocamento ao longo do eixo Y num poço perfurado com um peso de lama de 11,9 libras por galão

Uma vez que não é possível comentar a estabilidade da parede do poço com base na quantidade de deslocamento na parede do poço. Por isso, é necessário verificar a zona plástica à volta da parede do poço e determinar a sua quantidade. A Figura (17) mostra o estado da zona plástica à volta da parede do poço quando o peso da lama é de 11,9 libras por galão.

Figura 17. Zona plástica à volta da parede de um poço perfurado com um peso de lama de 11,9 libras por galão

Pode verificar-se que no modo de perfuração sobre-equilibrado (OBD), em que a pressão causada pela coluna de fluido de perfuração é superior à pressão dos poros da formação, não se forma qualquer zona plástica em torno da parede do poço. Esta situação indica que o poço permanece estável em condições de equilíbrio elevado. Porque, de acordo com o critério de estabilidade do poço, uma vez que o nível da zona plástica em torno da parede do poço é inferior a 0,8% da superfície do poço ou, de facto, próximo de zero, o poço permanecerá estável. Como mencionado anteriormente, se após a perfuração do poço, a expansão e concentração de tensões for maior do que a resistência da rocha.

Este facto pode aumentar o risco de rutura por cisalhamento. Além disso, a presença de um gradiente de alta pressão no afluxo de fluido da zona circundante do poço para o interior do mesmo pode causar falhas de tração nas rochas em redor da parede do poço. A Figura (18) mostra o fator de segurança em torno do poço vertical a uma profundidade de 3190 metros. Como se pode ver na figura, o fator de segurança em torno da parede do poço é superior a 1,5, o que indica que a parede do poço é estável a esta pressão. É de salientar que este fator de segurança é obtido através do critério de fratura em pedra que escolhemos. Desta forma, compara as tensões causadas pela perfuração com as caraterísticas de resistência da rocha utilizando o critério de falha e expressa a estabilidade e a instabilidade da rocha sob a forma de um fator de segurança.

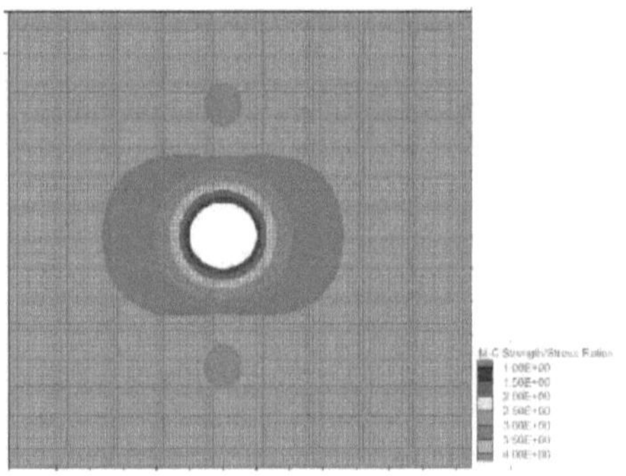

Figura 18. Fator de segurança em torno da parede de um poço perfurado com um peso de lama de 11,9 libras por galão

Com base nisto, pode dizer-se que nesta operação de perfuração com um peso de lama de 11,9 libras por galão a uma profundidade de 3190 metros, a parede do poço será estável e, como resultado, não teremos desperdício. Além disso, ao aumentar o peso da lama de perfuração, é possível atingir o peso máximo da lama ideal e, ao reduzir o peso da lama de perfuração, é possível atingir o peso mais baixo da lama ideal. Tanto no peso máximo como no peso mínimo da lama, é o peso que a pressão hidrostática resultante coloca a rocha no limiar da rotura por cisalhamento e da rotura por tração, respetivamente. Nas figuras (19 e 20) pode ver-se a concentração de tensões em relação à linha de fratura da rocha.

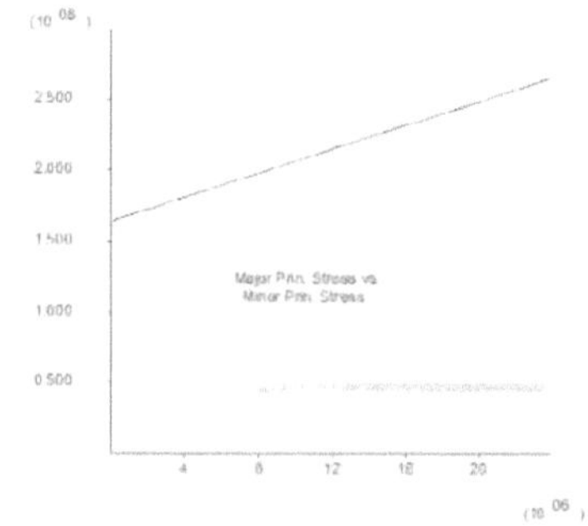

Figura 19. Cobertura de fracturas na rocha no espaço de tensão principal máxima e mínima

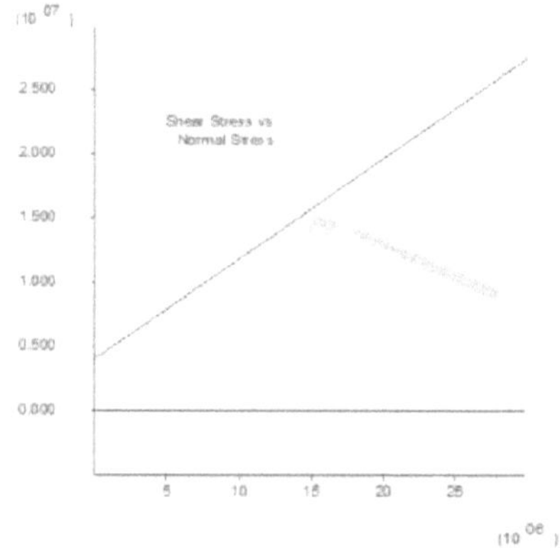

Figura 20. Cobertura de fratura da rocha no espaço de tensão de cisalhamento e tensão normal

Como pode ser visto na tabela (5), com a redução do peso da lama para 8,8 libras por galão e, como resultado, a pressão hidrostática do fundo do poço diminui para 4380 libras por polegada quadrada, a parede do poço está no limiar da instabilidade e, com pesos mais baixos, a lama de perfuração sofre falha de cisalhamento.

Tabela 5. Pressão e peso da lama no início da rotura por cisalhamento e tração

Pressão da lama (PSI)		Peso da lama (PPG)		Profundidade (m)	Formação
Início da falha de tração na parede do poço	O início da falha de cisalhamento na parede do poço	Início da falha de tração na parede do poço	O início da falha de cisalhamento na parede do poço		
10150	4380	20.5	8.8	3190	Com gás

Se o peso da lama aumentar para 20,5 libras por galão e, como resultado, a pressão hidrostática no fundo do poço subir para 10150 libras por polegada quadrada, a parede do poço está no limiar da instabilidade e, a pressões mais elevadas, ocorre uma falha de tração e, consequentemente, um colapso. Refere-se ao intervalo de peso de 8,8 a 20,5 libras por galão de lama de perfuração de janela segura. Em caso de perfuração com uma pressão superior ou inferior a este intervalo, a parede rochosa do poço falhará e, se não for prevista, enfrentaremos graves perturbações.

Estabilidade do poço horizontal na profundidade final

Nesta fase, examinamos as tensões em torno do poço, a quantidade de deslocamento e o fator de segurança do poço horizontal, que está localizado na profundidade final de 3190 metros e é restringido pela pressão do peso da lama. Além disso, comparando as caraterísticas dos dois modos de perfuração horizontal, determinamos a melhor direção de perfuração do poço horizontal em termos de estabilidade da parede do poço. Na primeira parte, consideramos a direção de perfuração paralela à tensão horizontal mínima e, na segunda parte, consideramos a direção de perfuração horizontal ao longo da tensão horizontal máxima.

Poço horizontal na direção da tensão horizontal mínima

Nesta parte, assume-se que o poço é perfurado horizontalmente à profundidade final de 3190 metros e na direção da tensão horizontal mínima. As figuras (21 e 22) mostram a distribuição das tensões principais mínimas e máximas no caso em que a pressão devida ao peso da lama é de 41 mega Pascal e aproximadamente 5950 libras por polegada quadrada (PSI).

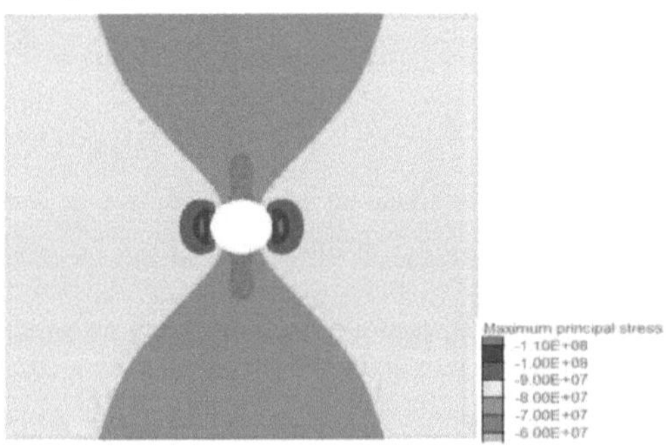

Figura 21. Distribuição da tensão principal máxima na parede de um poço horizontal com um peso de lama de 11,9 libras por galão

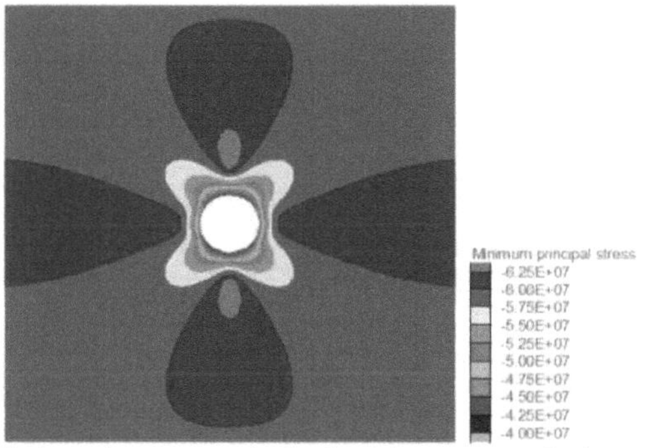

Figura 22. Distribuição da tensão principal mínima na parede de um poço horizontal com um peso de lama de 11,9 libras por galão

Como se pode ver na figura (21), após a perfuração do poço, a tensão principal máxima na parede do poço é muito superior à tensão inicial in situ, ou seja, aumenta para 110 mega Pascal's. Como mostra a figura (22), a tensão principal mínima também é reduzida e atinge o valor de pressão próximo da pressão hidrostática do fluido de perfuração no interior do poço, ou seja, 42,5 MPa. A figura (23) mostra a quantidade de deslocamento da parede do poço após a perfuração com lama pesando 11,9 libras por galão.

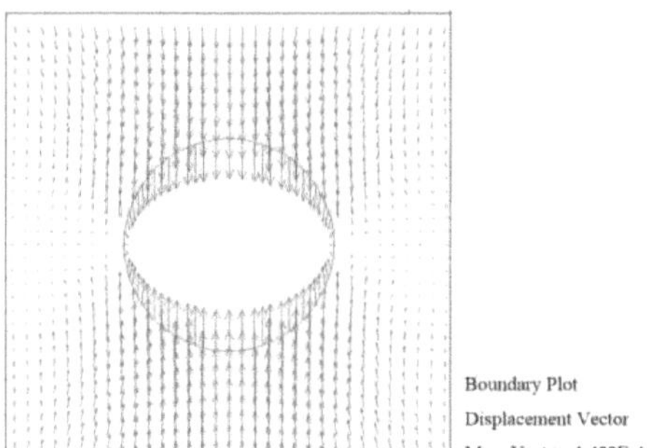

Figura 23. Como mover a parede após a perfuração de um poço horizontal com um peso de lama de 11,9 libras por galão

De acordo com esta figura, a quantidade máxima de deslocamento na parede do poço é igual a 0,142 mm. De acordo com a figura (23), devido à elevada tensão de sobrecarga, a quantidade de deslocamento na direção do eixo Y é muito superior à quantidade de deslocamento na direção do eixo X. Nas figuras (24 e 25), os deslocamentos são mostrados separadamente ao longo dos eixos X e Y, respetivamente.

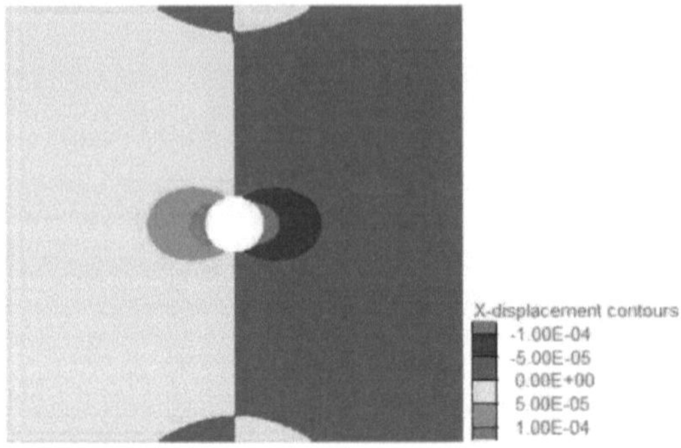

Figura 24. Deslocamento ao longo do eixo X num poço horizontal perfurado com um peso de lama de 11,9 libras por galão

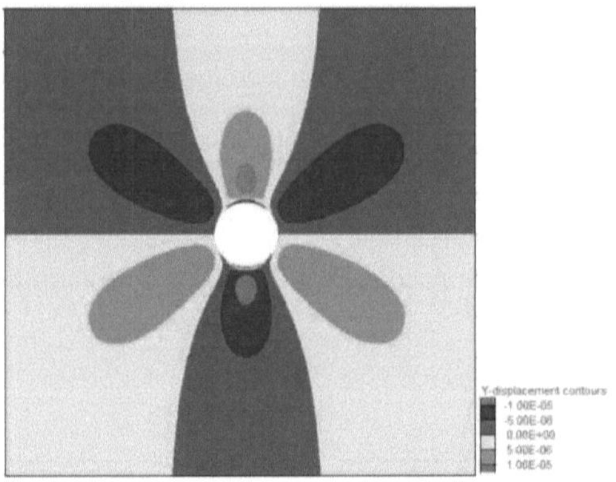

Figura 25. Deslocamento ao longo do eixo Y num poço perfurado com um peso de lama de 11,9 libras por galão

A Figura (26) mostra o estado da zona plástica à volta da parede do poço horizontal enquanto o peso da lama é de 11,9 libras por galão. Ao contrário da perfuração vertical, pode ver-se que na perfuração horizontal por sobre-equilíbrio (OBD), embora a pressão causada pela coluna de fluido de perfuração seja superior à pressão dos poros da formação, forma-se uma zona plástica limitada à volta da parede do poço na direção da tensão de sobrecarga.

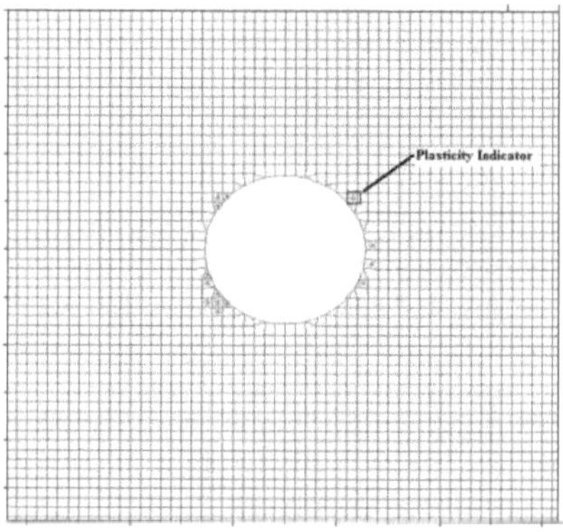

Figura 26. Zona plástica à volta da parede de um poço horizontal perfurado com um peso de lama de 11,9 libras por galão

Devido à pressão do fluido de perfuração, ocorre uma pequena deformação plástica nas áreas próximas da parede do poço horizontal. De acordo com estas condições e com a presença de uma zona plástica à volta da parede do poço, é evidente que, em geral, o poço horizontal é mais instável do que o poço vertical. A Figura (27) mostra o fator de segurança da parede em redor do poço horizontal à profundidade final de 3190 metros.

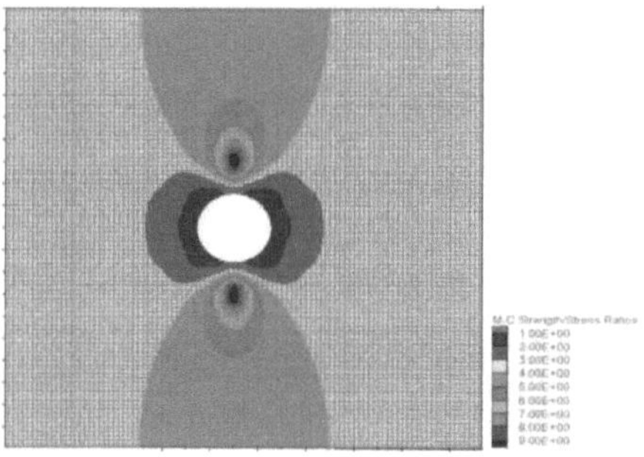

Figura 27. Fator de segurança em torno da parede de um poço horizontal perfurado com um peso de lama de 11,9 libras por galão

Como se pode ver na figura, o fator de segurança em torno da parede do poço é superior a 1, o que indica uma estabilidade muito fraca da parede do poço a esta pressão.

Poço horizontal na direção da tensão horizontal máxima

Nesta parte, é examinada a situação de estabilidade na direção da tensão horizontal máxima. As figuras (28 e 29) mostram a distribuição das tensões principais mínimas e máximas no caso em que a pressão devida ao peso da lama é de 41 mega Pascal e aproximadamente 5950 libras por polegada quadrada (psi).

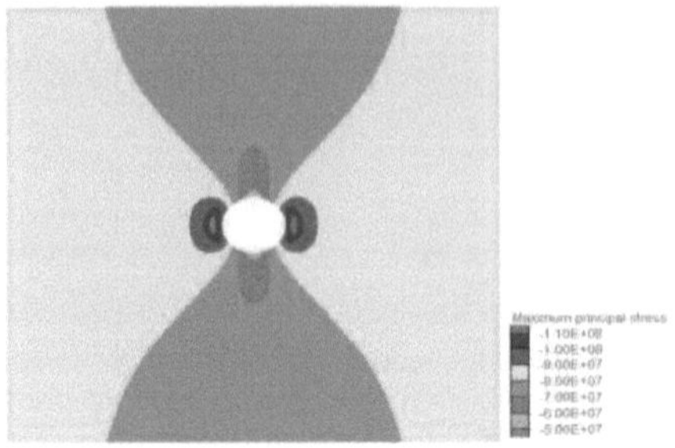

Figura 28. Distribuição da tensão principal máxima na parede de um poço horizontal

com um peso de lama de 11,9 libras por galão

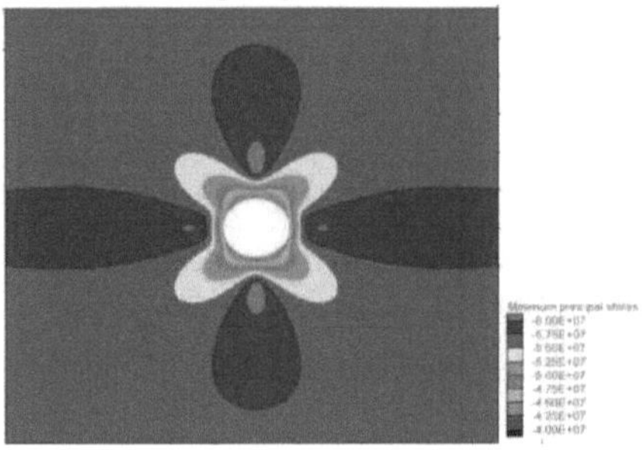

Figura 29. Distribuição da tensão principal mínima numa parede horizontal de um poço com um peso de lama de 11,9 libras por galão

Como se pode ver na figura (28), após a perfuração do poço, a tensão principal máxima na parede do poço é muito maior do que a tensão inicial in situ e aumenta para 110 mega Pascal's. Como mostra a figura (29), a tensão principal também é reduzida e atinge um valor de pressão próximo da pressão hidrostática do fluido de perfuração no interior do poço, ou seja, 42,5 MPa. A figura (30) mostra o deslocamento da parede do poço após a perfuração com lama de 11,9 libras por galão.

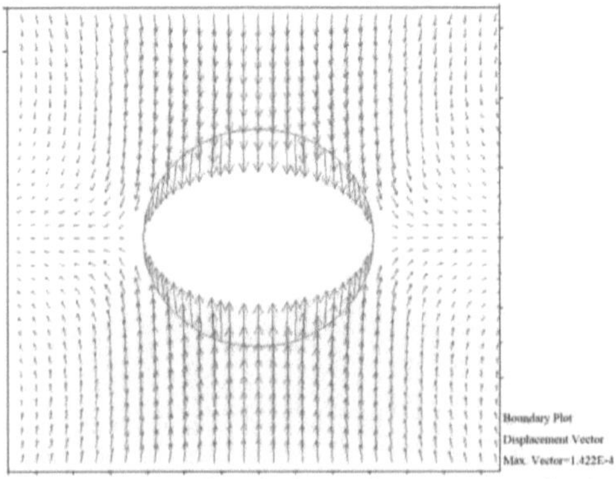

Figura 30. Como mover a parede depois de perfurar um poço horizontal com um peso

de lama de 11,9 libras por galão

De acordo com esta figura, a quantidade máxima de deslocamento na parede do poço é igual a 0,142 mm. De acordo com a figura (30), devido à elevada tensão de sobrecarga, a quantidade de deslocamento na direção do eixo Y é muito superior à quantidade de deslocamento na direção do eixo X. Nas figuras (31 e 32), os deslocamentos são mostrados separadamente ao longo dos eixos X e Y, respetivamente.

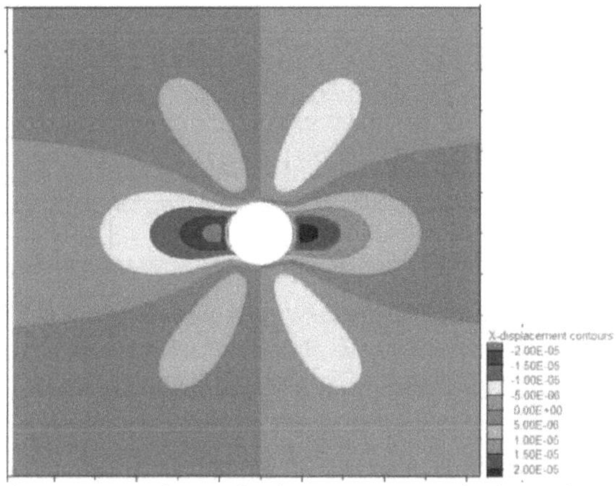

Figura 31. Deslocamento ao longo do eixo X num poço horizontal perfurado com um peso de lama de 11,9 libras por galão

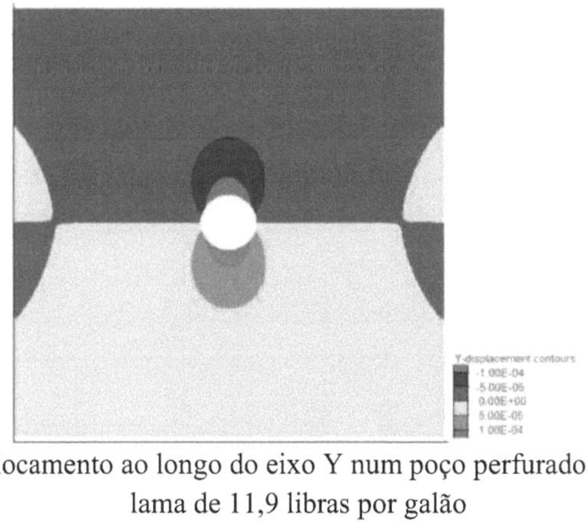

Figura 32. Deslocamento ao longo do eixo Y num poço perfurado com um peso de lama de 11,9 libras por galão

A Figura (33) mostra o estado da zona plástica em torno da parede horizontal do poço quando o peso da lama é de 11,9 libras por galão.

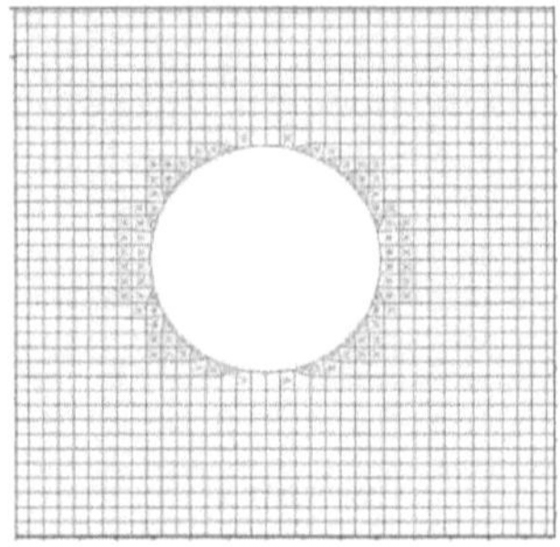

Figura 33. Zona plástica à volta da parede de um poço horizontal perfurado com um peso de lama de 11,9 libras por galão

Neste caso, ao contrário da perfuração vertical, verifica-se que na perfuração horizontal com sobre-equilíbrio (OBD), apesar de a pressão causada pela coluna de fluido de perfuração ser superior à pressão dos poros da formação, forma-se uma zona plástica limitada à volta da parede do poço na direção da tensão de sobrecarga.
Devido à pressão do fluido de perfuração, ocorre uma pequena deformação plástica nas áreas próximas da parede do poço horizontal. Neste caso, considerando estas condições e a presença de uma zona plástica à volta da parede do poço, é evidente que os poços horizontais são geralmente mais instáveis do que os poços verticais. Considerando que o número de tensões horizontais é quase próximo um do outro e com a existência de uma zona plástica à volta da parede do poço, existe a possibilidade de instabilidade com uma pressão de lama de 41MPa. Para maior certeza, pode utilizar o fator de segurança.
A Figura (34) mostra o fator de segurança da parede em torno do poço horizontal à profundidade final de 3190 metros. Como se pode ver na figura, o valor do fator de segurança para ambos os modos de perfuração na direção da tensão horizontal mínima e da tensão horizontal máxima é igual e superior a 1, o que indica que, embora o poço horizontal seja mais instável do que o poço vertical, permanecerá estável.

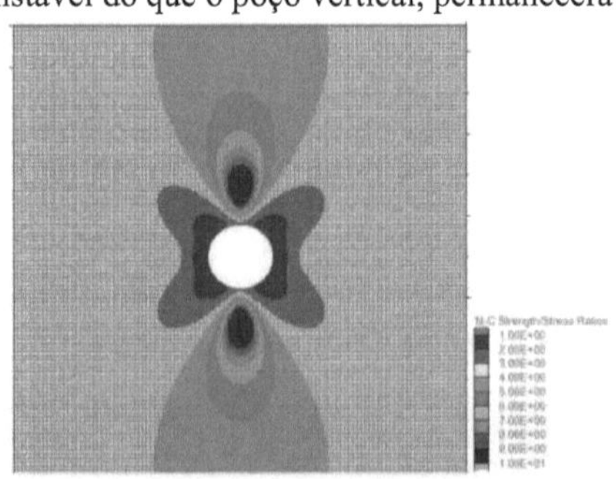

Figura 34. Fator de segurança em torno da parede de um poço horizontal perfurado com um peso de lama de 11,9 libras por galão

Além disso, podemos ver que no poço vertical (3190 metros de profundidade), não há área plástica em torno da parede do poço, mas no poço horizontal, a área plástica é vista em torno do poço, e esta área é nos poços horizontais perfurados na extensão da tensão horizontal é pelo menos menor. Por outro lado, o fator de segurança na parede do poço é superior a 1,5 para os poços verticais e superior a 1 para os poços horizontais.

A Tabela (6) mostra os resultados da análise da estabilidade do poço em diferentes comprimentos de perfuração.

Tabela 6. Deslocamento máximo, acumulação máxima de tensões e coeficientes de segurança em diferentes direcções de perfuração

Fator de segurança	Tensão principal máxima (MPa)	Deslocação máxima (m)	Extensão da escavação
1.5	77.5	0/4985x10-4	Em pé
1	110	1/422x10-4	Tensão horizontal mínima
1	110	1/422x10-4	Tensão horizontal máxima

Ao examinar a tensão principal máxima e o deslocamento, bem como o fator de segurança, verificou-se que a perfuração vertical é mais estável do que as outras direcções. No modo horizontal, devido à pequena diferença entre as tensões horizontais mínimas e máximas ($_H{}^a$ e $_h{}^a$), os poços perfurados nestes dois trechos têm o mesmo deslocamento, tensão principal máxima e fator de segurança.

Os estudos mostram claramente que a estabilidade do poço é melhor no estado vertical do que no estado horizontal, e a perfuração vertical terá um fator de segurança mais elevado. Neste projeto, devido à limitação do software Fleck, não foi feita a análise de estabilidade de poços inclinados e estes foram apenas investigados em dois estados, vertical e horizontal, mas pode concluir-se que os poços inclinados terão um estado intermédio. Ou seja, em termos de estabilidade, terão um estado pior que um poço vertical e um estado melhor que um poço horizontal.

Efeito das alterações de diâmetro na estabilidade da parede do poço

Determinar a localização correta da sapata do tubo de parede pode ter um grande efeito na redução da possibilidade de fuga de fluido de perfuração. Ao aumentar a profundidade do poço e perfurar camadas de formação com diferentes materiais e como resultado de diferentes propriedades mecânicas da rocha, a janela de segurança da lama de perfuração é limitada e leva à condução de um novo tubo de parede ou revestimento. De seguida, vamos verificar a estabilidade da parede do poço nos diâmetros de 4 polegadas, 1,86 polegadas, 8 polegadas e 10 polegadas. A Tabela (7) mostra os resultados das figuras (35 a 36).

Tabela 7. Resultados das alterações do diâmetro do poço na estabilidade da parede

Fator de segurança	Tensão principal máxima (MPa)	Deslocação máxima (m)	O diâmetro do poço
1.5	75	0/3321x10-4	4 polegadas

1.5	75	0//4987x10-4	16,8 polegadas
1.5	75	0/6502x10-4	8 polegadas
1.5	75	0/7957x10-4	10 polegadas

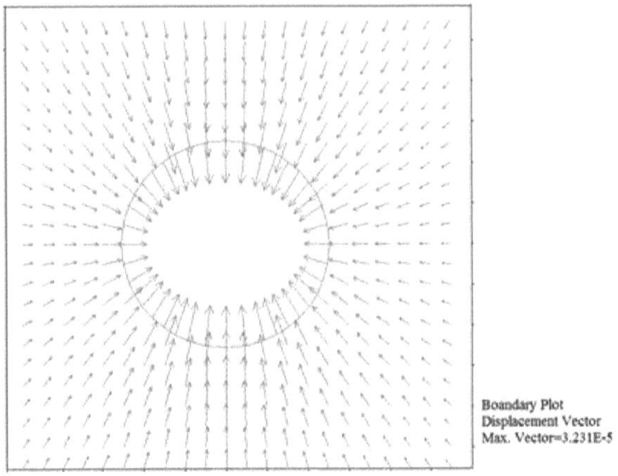

Figura 35. Como mover a parede de um poço com um diâmetro de 4 polegadas e um peso de lama de 11,9 libras por galão

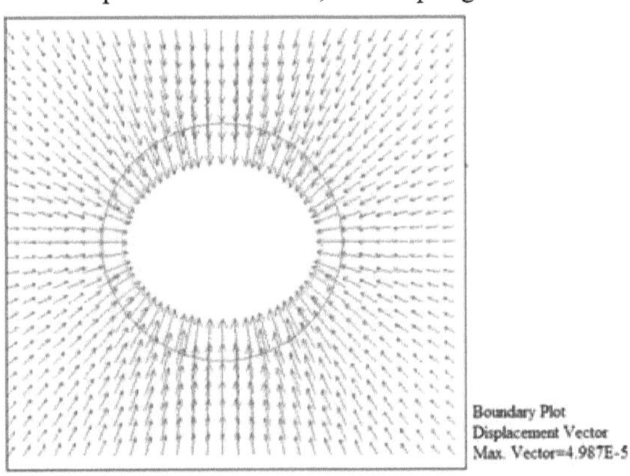

Figura 36. Como deslocar uma parede de poço com um diâmetro de 16,8 polegadas e uma lama
peso de 11,9 libras por galão

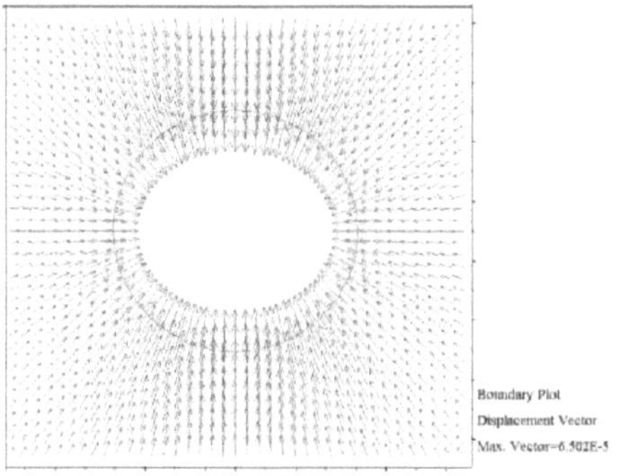

Figura 37. Como mover-se na parede do poço com um diâmetro de 8 polegadas e um peso de lama
de 11,9 libras por galão

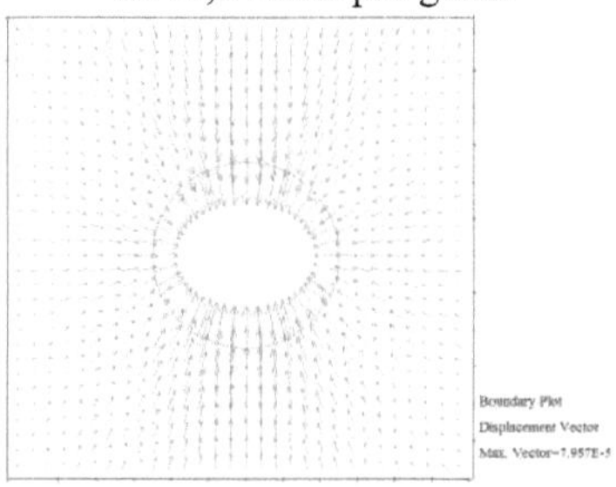

Figura 38. Como mover uma parede de poço com um diâmetro de 10 polegadas e um peso de lama de 11,9 libras por galão

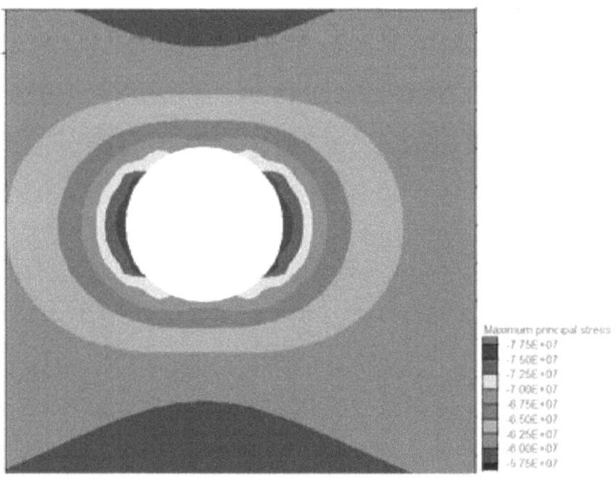

Figura 39. Tensão principal máxima na parede de um poço com um diâmetro de 4 polegadas e um peso de lama de 11,9 libras por galão

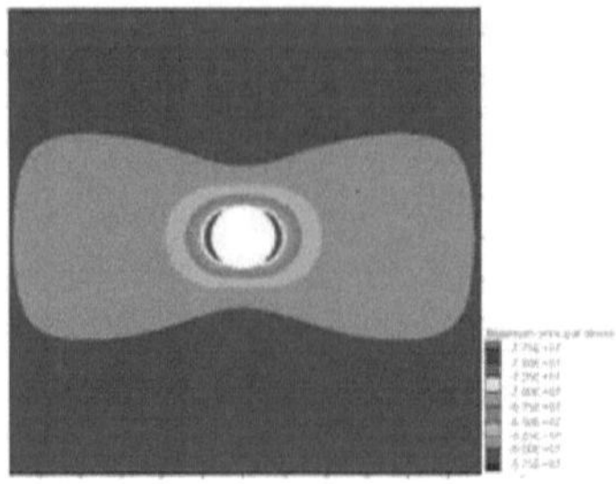

Figura 40. Tensão principal máxima na parede do poço com um diâmetro de 16,8 polegadas e peso de lama de 11,9 libras por galão

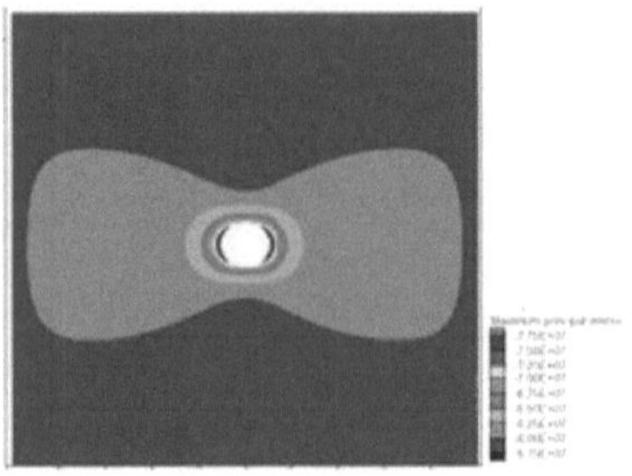

Figura 41. Tensão principal máxima na parede de um poço com um diâmetro de 8 polegadas e um peso de lama de 11,9 libras por galão

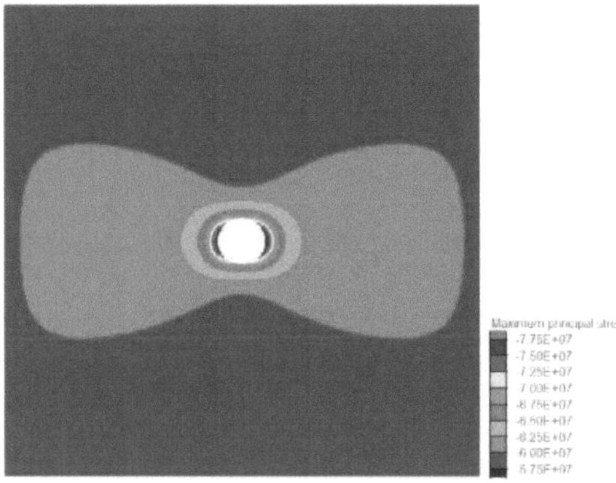

Figura 42. Tensão principal máxima na parede de um poço com um diâmetro de 10 polegadas e um peso de lama de 11,9 libras por galão

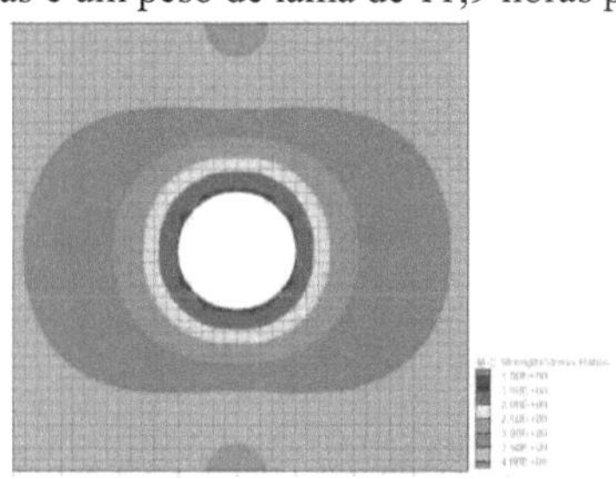

Figura 43. Fator de segurança de uma parede de poço com um diâmetro de 4 polegadas e um peso de lama de 11,9 libras por galão

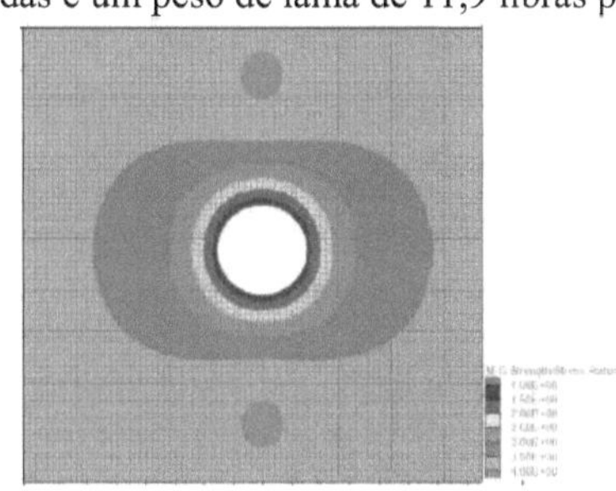

Figura 44. Fator de segurança de uma parede de poço com um diâmetro de 16,8 polegadas e um peso de lama de 11,9 libras por galão

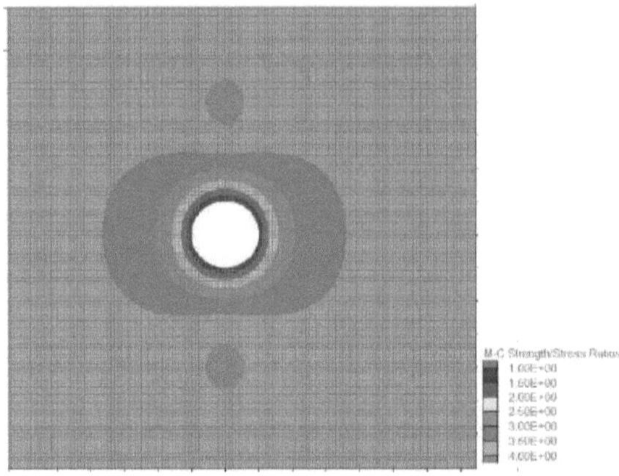

Figura 45. Fator de segurança da parede do poço com diâmetro de 8 polegadas e peso de lama de 11,9 libras/galão

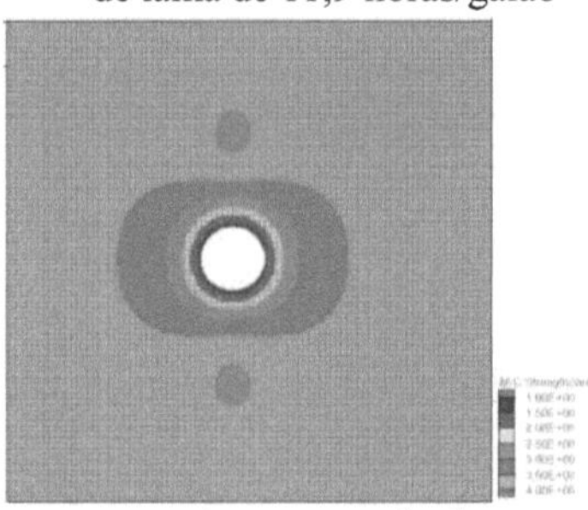

Figura 46. Fator de segurança de uma parede de poço com um diâmetro de 10 polegadas e um peso de lama de 11,9 libras por galão

Como se pode observar (Figuras 38 a 46), com o aumento do diâmetro da broca de perfuração nas dimensões padrão, o deslocamento da parede do poço na direção da tensão horizontal máxima aumenta ligeiramente, mas não há alteração significativa na estabilidade do poço, e a acumulação de tensão máxima e o fator de segurança permanecem constantes.

Efeitos do tipo de formação e da porosidade na janela de segurança do peso da lama de perfuração

Um dos factores que influenciam a segurança da janela de lama de perfuração é a porosidade da formação, que varia de acordo com o tipo de formação e as suas caraterísticas, que também muda com o aumento da profundidade de perfuração e a mudança no tipo de formação da janela de lama. À medida que a profundidade de perfuração aumenta, a pressão da sobrecarga aumenta e, consequentemente, os parâmetros relacionados com a tensão na posição vertical (v *&)* aumentam, mas o seu efeito é insignificante em comparação com a alteração do tipo de formação e da porosidade (Tabela 8). De seguida, aumentando a profundidade e alterando o tipo de formação em rochas dolomíticas, calcárias e areníticas, investigaremos a janela de segurança da lama de perfuração. Nesta secção, assume-se que a pressão dos poros é constante. Além disso, o peso da lama de perfuração aumenta com a diminuição da porosidade e como resultado do aumento da resistência da formação da área da janela de segurança.

Tabela 8. Efeitos da porosidade e do tipo de formação na janela de segurança do peso da lama de perfuração

Limite superior do peso da lama (PPG)	Limite inferior do peso da lama (PPG)	Porosidade (%)	O tipo de formação	Profundidade de perfuração (m)
25	7.5	5%	Dolomite	2800
23.6	8.3	10%	Dolomite	2900
22.3	9	15%	Dolomite	3000
21.7	8.3	5%	Cal	3100
20.5	8.8	10%	Cal	3200
19.7	9.3	15%	Cal	3300
21.3	9	5%	Arenito	3400
20.3	9.7	10%	Arenito	3500
19.5	10.2	15%	Arenito	3600

A Figura (27) mostra o peso da lama de perfuração em três tipos diferentes de formações com dolomite, calcário e arenito, tomando a porosidade da janela de segurança como uma constante. De acordo com os cálculos efectuados nestas formações, o coeficiente de fiabilidade da perfuração nas formações de dolomite é mais elevado do que nas formações de calcário e arenito devido à ampla janela de segurança do peso da lama de perfuração. A Figura (28) mostra o efeito de alterações na porosidade e no tipo de formação. Para a perfuração de todas as camadas, deve ser considerado o peso da lama na parte comum da janela de segurança da lama de perfuração para diferentes camadas, bem como diferentes porosidades.

Os efeitos da pressão dos poros na janela de segurança do peso da lama de perfuração

Outro fator que altera a janela de segurança da lama de perfuração é a pressão dos poros da formação. A pressão elevada dos poros provoca um efeito reduzido da tensão de confinamento e, consequentemente, a rotura da rocha ocorre a uma tensão mais baixa. Além disso, com o aumento da pressão dos poros da formação, a rotura por cisalhamento da parede do poço e a erupção do fluido de formação no poço ocorrem a uma maior pressão da lama de perfuração e também a um maior peso do fluido, e a rotura por tração ou indução ocorre a uma menor pressão do fluido e a um menor peso da lama (Tabela 9).

Tabela 9. Efeitos da pressão dos poros da formação na janela de segurança do peso da lama de perfuração

Limite superior do peso da lama (PPG)	Limite inferior do peso da lama (PPG)	Pressão dos poros da formação (psi)

21.7	7.3	4800
21	8.7	4900
20.5	8.8	5000
20	9.3	5100
19.7	10	5200

Desta forma, a janela de segurança da lama de perfuração torna-se mais limitada. A diminuição do intervalo de segurança do peso da lama dificulta a operação de perfuração na escolha da lama adequada ao tipo de formação e à profundidade desejada, e aumenta a possibilidade de queda da parede, bem como de derrame e erupção do poço.

Capítulo VI

Último discurso

O objetivo destas simulações é escolher a caraterística de peso adequada para a lama de perfuração e medir os efeitos relacionados com as propriedades mecânicas do fluido e da rocha de formação. A parte final é dedicada à síntese dos resultados desta investigação, em especial das simulações, e, em seguida, serão apresentadas sugestões relacionadas com este tema. De acordo com os tópicos mencionados, os resultados desta investigação são os seguintes.

- ❖ Calculando as tensões in situ e comparando-as entre si, verifica-se que o regime de tensões que rege este poço é de deslizamento ($v^\circ < H^\circ < h^\circ$).
- ❖ Se as tensões in situ em torno da parede do poço não forem iguais, devido a deslocamentos desiguais na parede do poço, a secção transversal do poço mudará de circular para elíptica, e o deslocamento na direção da tensão horizontal máxima será maior do que o deslocamento na direção da tensão horizontal mínima.
- ❖ A tensão máxima principal criada aumenta muito mais do que a tensão máxima in situ. A tensão principal é reduzida a um mínimo e aproxima-se da pressão equivalente do fluido de perfuração no interior do poço. Estas alterações de tensão, se forem superiores à resistência da rocha, provocam um comportamento plástico num pequeno volume de rocha, o que indica instabilidade ou falha no mesmo volume. A uma profundidade de 3190 metros com um peso de lama de 35,8 libras por galão, a quantidade máxima de deslocamento será de 0,049 mm.
- ❖ A melhor direção para a perfuração horizontal é a direção da tensão principal mínima, porque nesta direção o poço é mais estável e a possibilidade de danos é menor.
- ❖ Quando o peso da lama diminui para 26,5 libras por galão, o poço está no limiar da instabilidade e, com pesos de lama mais baixos, ocorre uma falha de cisalhamento e também com um aumento no peso da lama para 61,5 libras por galão e, como resultado, a pressão hidrostática aumenta. O fundo do poço está no limiar da instabilidade a 10.150 libras por polegada quadrada da parede do poço e, a pressões mais elevadas, ocorre uma falha de tração e, como resultado, a lama de perfuração colapsa. Devido ao aumento súbito no fundo do poço devido ao fenómeno de surto e arrasto durante o tubo superior e o tubo inferior, a velocidade adequada deve ser selecionada para evitar o excesso de velocidade.
- ❖ Ao aumentar o diâmetro do poço nos tamanhos padrão da broca de perfuração, não há muita mudança na instabilidade da parede do poço, e a probabilidade de ocorrência é constante.
- ❖ O intervalo de peso de 26,5 a 61,5 libras por galão é referido como a janela de segurança da lama de perfuração, que é escolhida entre estes dois intervalos para uma perfuração segura e sem desperdício de lama de perfuração.
- ❖ À medida que a pressão dos poros do fluido de formação aumenta, a sua resistência diminui e, consequentemente, o intervalo de peso seguro da lama de

perfuração diminui e a probabilidade de derrame aumenta.

❖ O peso da lama de perfuração diminui com o aumento da percentagem da porosidade da lama de perfuração com peso de janela seguro.

Ofertas

❖ Devido ao facto de a maioria dos reservatórios de petróleo do Irão ter atingido a sua meia-vida e também devido ao aumento das operações de extração excessiva, sugere-se que se verifique a estabilidade dos poços de injeção, nos quais a temperatura e a pressão aumentam simultaneamente e podem provocar uma fissura na parede do poço e, consequentemente, uma fuga.

❖ É possível utilizar a solução analítica do critério de Mohr-Columb juntamente com o software Fleck para verificar a instabilidade da parede do poço com a maior exatidão possível e para prever a presença de lama de perfuração.

❖ Nesta tese, apenas foram tidos em conta os efeitos mecânicos do fluido de perfuração, enquanto que para uma análise completa do poço e da estabilidade ou instabilidade do poço, devem ser considerados tanto os efeitos mecânicos como os químicos.

❖ Um dos novos métodos para evitar o derrame é a utilização de materiais de reforço da parede do poço na mistura de lama de perfuração durante a operação. Sugere-se a utilização de materiais adequados de reforço da parede do poço para aumentar o fator de segurança utilizando estudos laboratoriais.

Referências

1- Gol Hasani Morteza, análise da influência do ângulo de desvio do poço de petróleo na sua estabilidade, tese de mestrado, Universidade Tarbiat Modares, 2009

2- Sadr Momtaz Ismail, redução da instabilidade do poço através da alteração das caraterísticas da lama de perfuração num dos campos centrais do Irão, tese de mestrado, Universidade Internacional Imam, 2011

3- Maleki Cheshme Mentesh Shaho, parâmetros geo-mecânicos das rochas e sua relação com os registos de poços para avaliar a estabilidade dos poços de petróleo, tese de mestrado, Universidade de Tecnologia de Shahrood, 2012

4- Tahardang Ko Reza, análise da estabilidade da parede do poço de acordo com considerações de mecânica das rochas (sudoeste do Irão), artigos de conferências do Irão. A terceira conferência científica sobre engenharia de reservatórios de hidrocarbonetos e indústrias a montante, 2014

5- Malaei Farzad, análise da estabilidade da parede do poço em perfuração de sub-equilíbrio utilizando o método numérico, tese de mestrado, Universidade Islâmica Azad, secção central de Teerão, 2016

6- Baziar Hossein, Construção de um fluido polimérico e investigação do seu efeito no grau de estabilização dos xistos e nas propriedades de fluxo do fluido de perfuração, tese de mestrado, Universidade de Tecnologia de Shahrood, 2014

7- Wiprut, D., Stress, Borehole Stability, and Hydrocarbon Leakage in the Northern North Sea, 2001, Universidade de Stanford.

8- Alberty, M. e M. McLean. Um modelo físico para gaiolas de tensão. in SPE Annual Technical Conference and Exhibition. 2004.

9- Dupriest, F. Fracture closure stress (FCS) and lost returns practices. in SPE/IADC Drilling Conference. 2005.

10- Al-Ajmi, A.M. and R.W. Zimmerman, Stability analysis of vertical boreholes using the Mogi-Coulomb failure criterion. International Journal of Rock Mechanics and Mining Sciences, 2006. 43(8): p. 1200-1211.

11- Van Oort, E., et al., Avoiding losses in depleted and weak zones by constantly strengthening wellbores. SPE Drilling & Completion, 2011. 26(4): p. 519-530.

1. Kocababuc, B., Análise de elementos finitos do reforço do poço. 2011.
2. Aadnoy, B.S. and S. Ong, Introduction to special issue on borehole stability. Journal of Petroleum Science and Engineering, 2003. 38(3): p. 79-82.
3. Hamid, O., In-situ stress analysis of southwest Saskatchewan, 2008, Universidade de Saskatchewan.
4. Fjar, E., et al., Petroleum related rock mechanics. Vol. 53. 2008: Elsevier.
5. Lake, L.W. e J.R. Fanchi, Petroleum Engineering Handbook: Geral Engenharia. 2006: Sociedade de Engenheiros de Petróleo.
6. Dupriest, F.E. Fracture closure stress (FCS) and lost returns practices. in SPE/IADC Drilling Conference. 2005. Sociedade de Engenheiros de Petróleo.
7. Darley, H.C. e G.R. Gray, Composition and properties of drilling and completion fluids (Composição e propriedades dos fluidos de perfuração e completação). 1988:

Gulf Professional Publishing.
8. Sanders, W.W., et al. Lost circulation assessment and planning program: evolving strategy to control severe losses in deepwater projects. in SPE/IADC Drilling Conference. 2003. Sociedade de Engenheiros de Petróleo.
9. Lummus, J.L. e J.J. Azar, Drilling fluids optimization: a practical field approach. 1986.
10. Gockel, J., Fluido de perfuração de circulação perdida, 1985, Google Patents.
11. El-Sayed, A.-A.H., M.N. Al-Awad, e E. Al-Homadhi, Two New Chemical Components for Sand Consolidation Techniques (Dois Novos Componentes Químicos para Técnicas de Consolidação de Areia). SPE Middle East Oil Show, 2001.
12. Thaemlitz, C., et al., New environmentally safe high-temperature water-based drilling-fluid system. SPE drilling & completion, 1999. 14(03): p. 185-189.
13. Al-Ajmi, A.M. e R.W. Zimmerman, Um novo modelo de otimização do percurso do poço para aumentar a estabilidade mecânica do furo. Journal of Petroleum Science and Engineering, 2009. 69(1): p. 53-62.
14. Al-Ajmi, A., Wellbore stability analysis based on a new true-triaxial failure criterion. 2006.
15. Zhang, L., P. Cao, e K. Radha, Avaliação dos critérios de resistência das rochas para a análise da estabilidade do poço. Jornal Internacional de Mecânica das Rochas e Ciências Minerais, 2010. 47(8): p. 1304-1316.
16. Bradley, W., Failure of inclined boreholes (Falha de furos inclinados). Journal of Energy Resources Technology, 1979. 101(4): p. 232-239.
17. Ewy, R., Wellbore-stability predictions by use of a modified Lade criterion. SPE Drilling & Completion, 1999. 14(02): p. 85-91.
18. Zheng, Z. Análise integrada da estabilidade de furos de sondagem: Contra a tradição. in EUROCK 98. Simpósio. 1998.
19. Lee, M., A. Eckert, e R. Nygaard. Mesh Optimization For Finite Element Models of Wellbore Stress Analysis (Otimização da Malha para Modelos de Elementos Finitos da Análise de Tensões de Poços). in 45th US Rock Mechanics/Geomechanics Symposium. 2011. Associação Americana de Mecânica das Rochas.
20. McLean, M. e M. Addis. Wellbore stability analysis: a review of current methods of analysis and their field application. in SPE/IADC Drilling Conference. 1990. Sociedade de Engenheiros de Petróleo.
21. Chatterjee, R. e M. Mukhopadhyay. Numerical modelling of stress around a wellbore. in SPE Asia Pacific Oil and Gas Conference and Exhibition. 2003. Sociedade de Engenheiros de Petróleo.
22. Hoang, S., Y. Abousleiman, e U. Tare. A solução analítica para a estabilidade do poço em junções multilaterais no campo de tensão in-situ não hidrostático. in SPE Annual Technical Conference and Exhibition. 2004. Sociedade de Engenheiros de Petróleo.
23. Wang, X. e R. Sterling, Stability analysis of a borehole wall during horizontal diretional drilling (Análise da estabilidade da parede de um furo durante a perfuração

direcional horizontal). Tunnelling and underground space technology, 2007. 22(5): p. 620-632.
24. Muller, A.L., et al., Análise da estabilidade de furos de sondagem considerando a variabilidade espacial e a poroelastoplasticidade. International Journal of Rock Mechanics and Mining Sciences, 2009. 46(1): p. 90-96.
25. Manriquez, A.L., A. Podio, e K. Sepehrnoori. Modeling of the Stability of Multibranch Horizontal Open Holes. em SPE Western Regional and Pacific Section AAPG Joint Meeting. 2008. Sociedade de Engenheiros de Petróleo.
26. Salehi, S., G. Hareland e R. Nygaard, Numerical simulations of wellbore stability in under-balanced-drilling wells. Journal of Petroleum Science and Engineering, 2010. 72(3): p. 229-235.
27. Abdo, J. e M. Danish. Nanoparticles: Promising Solution to Overcome Stern Drilling Problems" (Solução promissora para superar os problemas de perfuração de popa). in Nanotech Conference and Exhibition, Anaheim, Califórnia. 2010.
28. Xu, C.-y., et al. High-Strength High-Stability Pill System to Prevent Lost Circulation. in International Petroleum Technology Conference. 2013. Conferência Internacional de Tecnologia do Petróleo.
29. Contreras, O., et al. Wellbore Strengthening In Sandstones by Means of Nanoparticle-Based Drilling Fluids. in SPE Deepwater Drilling and Completions Conference. 2012. Sociedade de Engenheiros de Petróleo.
30. Pordel Shahri, M., et al. Integrated Workflow for Lost Circulation Prediction. in SPE International Symposium and Exhibition on Formation Damage Control. 2014. Sociedade de Engenheiros de Petróleo.
31. Al-saba, M.T., et al. Avaliação laboratorial da selagem de fracturas largas utilizando materiais convencionais de circulação perdida. in SPE Annual Technical Conference and Exhibition. 2014. Sociedade de Engenheiros de Petróleo.
32. Zoback, M.D., Reservoir geomechanics: Earth stress and rock mechanics applied to exploration, production and wellbore stability, 2007, Cambridge Press, Cambridge Press.
33. Hearn, E.J., Mechanics of Materials 2: The mechanics of elastic and plastic deformation of solids and structural materials. Vol. 2. 1997: Butterworth- Heinemann.
34. Rasouli, V., Brian, E., Maximização da produção através de perfuração desviada e fracking. Departamento de Engenharia do Petróleo, Universidade de Tecnologia de Curtin, Notícias PESA, 2010.
35. Mirzaahamdain, Y., Application of petrophysical logs and failure model for prediction of sand production (Aplicação de registos petrofísicos e modelo de falha para a previsão da produção de areia). 2011.
36. Jaeger, J.C., N.G. Cook, e R. Zimmerman, Fundamentals of rock mechanics. 2009: John Wiley & Sons.
37. Ohen, H.A. Calibrated Wireline Mechanical Rock Properties Model for Predicting and Preventing Wellbore Collapse and Sanding. in SPE European Formation Damage Conference. 2003. Sociedade de Engenheiros de Petróleo.

38. WurohTimbo, M., AN IMPROVED METHODOLOGY ON WELLBORE STABILITY PREDICTION USING GEOMECHANICAL ANALYSIS, 2012, UNIVERSITI TEKNOLOGI PETRONAS.
39. Garat, J., et al., A petrophysical interpretation using the velocities of P and S waves (full-waveform sonic). The Log Analyst, 1990. 31(06).
40. Goodman, R.E., Introduction to rock mechanics (Introdução à mecânica das rochas). 1980: John Wiley.
41. Lorwongngam, A., THE VALIDITY OF LEAK-OFF TEST FOR IN SITU STRESS ESTIMATION, 2008, Universidade de Oklahoma.
42. Islam, M.A., P. Skalle, e E. Tantserev. Underbalanced Drilling in shales-perspective of mechanical borehole instability. in IPTC 2009: Conferência Internacional de Tecnologia do Petróleo. 2009.
43. Harrison, J.P. e J.A. Hudson, Engineering rock mechanics-an introduction to the principles. 2000: Elsevier.
44. Islam, M.A. e P. Skalle. Prediction And Evaluation Of Boreholes Shear Failures Risk In Shale Under In-Situ Stress State-A Sensitivity Analysis. in proceedings of the international conference of mechanical engineer. 2009.
45. Gockel, J., C. Gockel, e M. Brinemann. Lost Circulation: A Solution Based on the Problem. in SPE/IADC Drilling Conference. 1987. Sociedade de Engenheiros de Petróleo.
46. Chen, X., C. Tan, e C. Haberfield. Wellbore stability analysis guidelines for practical well design. in SPE Asia Pacific Oil and Gas Conference. 1996. Sociedade de Engenheiros de Petróleo.
47. Khan, S., S. Ansari1a, e N. Khosravi, Prudent and Integrated Approach to Understanding Wellbore Stability in Canadian Foothills to Minimize Drilling Challenges and Non-Productive Time.
48. Donaldson, E.C. e D. Tiab, Petrophysics: Teoria e prática da medição das propriedades da rocha reservatório e do transporte de fluidos. 2004: Gulf Professional Publishing.
49. Horsrud, P., Estimating mechanical properties of shale from empirical correlations (Estimativa das propriedades mecânicas do xisto a partir de correlações empíricas). SPE Drilling & Completion, 2001. 16(02): p. 68-73.
50. Allerstorfer, C., Investigação da região de comportamento plástico em testes de vazamento. Universidade de Montanu, Leoben, Austrália, 2011. Dissertação de Mestrado. Tese de Mestrado.
51.

MIX
Papier aus verantwortungsvollen Quellen
Paper from responsible sources
FSC® C105338

Printed by Books on Demand GmbH, Norderstedt / Germany